Sibirische Katze Katzenerziehung

Ratgeber zur Erziehung einer Katze der Sibirischen Rasse

Ein Buch für Katzenbabys, Kitten und junge Katzen

Expertengruppe Verlag

Die Inhalte dieses Buches wurden mit größter Sorgfalt erstellt. Für die Richtigkeit, Vollständigkeit und Aktualität der Inhalte kann jedoch keine Gewähr übernommen werden. Der Inhalt des Buches repräsentiert die persönliche Erfahrung und Meinung der Autorin. Es wird keine juristische Verantwortung oder Haftung für Schäden übernommen, die durch kontraproduktive Ausübung oder durch Fehler des Lesers entstehen. Es kann auch keine Garantie auf Erfolg übernommen werden. Die Autorin übernimmt daher keine Verantwortung für das Nicht-Gelingen der im Buch beschriebenen Methoden.

Sämtliche hier dargestellten Inhalte dienen somit ausschließlich der neutralen Information. Sie stellen keinerlei Empfehlung oder Bewerbung der beschriebenen oder erwähnten Methoden dar. Dieses Buch erhebt weder einen Anspruch auf Vollständigkeit, noch kann die Aktualität und Richtigkeit der hier dargebotenen Informationen garantiert werden. Dieses Buch ersetzt keinesfalls die fachliche Beratung und Betreuung durch einen Tierarzt. Die Autorin und die Herausgeber übernehmen keine Haftung für Unannehmlichkeiten oder Schäden, die sich aus der Anwendung der hier dargestellten Information ergeben.

Sibirische Katze Katzenerziehung

Ratgeber zur Erziehung einer Katze der Sibirischen Rasse

Ein Buch für Katzenbabys, Kitten und junge Katzen

Expertengruppe Verlag

INHALTSVERZEICHNIS

ÜBER DIE AUTORIN

Susanne Herzog ist ein echter Tierfreund – wobei es ihr Katzen ganz besonders angetan haben, was nicht verwundert, ist sie doch in einem Katzenhaushalt aufgewachsen.

Schon in ihrer frühen Jugend baute sie ihre Liebe für Tiere aus, indem sie regelmäßig in einem Tierheim aushalf. Dort kam sie auch zum ersten Mal mit der Schattenseite der Tierhaltung – mit verwahrlosten, traumatisierten und kaum sozialisierten Tieren – in Verbindung. Ihre Leidenschaft wurde geweckt und sie begann zu analysieren, wie es dazu kam. Doch noch viel wichtiger, als die Gründe zu erforschen, war es für sie, herauszufinden, wie die meisten Probleme von Beginn an vermieden werden konnten. Darauf aufbauend entwickelte sie Methoden, wie sie Tieren mit akutem Problemverhalten wieder zu einem besseren und normaleren Leben verhelfen konnte.

Um mit ihrem Wissen nicht nur den Katzen im Tierheim, in dem sie auch heute noch ehrenamtlich tätig ist, ein besseres Leben zu verschaffen, gibt Susanne Herzog mehrmals jährlich Seminare für gestresste Katzenhalter. Aus ihrer Erfahrung und dem Feedback der Teilnehmer entstand schließlich die Idee, ihr umfangreiches und praxistaugliches

Wissen einem größeren Personenkreis als Buch verfügbar zu machen.

Ihr Ziel ist es, Katzenbesitzern dabei zu helfen, schon von Beginn an die richtigen Weichen für ein glückliches und bereicherndes Zusammenleben zwischen Mensch und Katze zu stellen. Sie möchte verhindern, dass kleine Fehler zu Beginn zu großen Problemen werden, die später dazu führen, dass Katzen in einem Tierheim abgegeben werden.

Nach langer Recherche-, Schreib- und Korrekturarbeit kam schlussendlich dieser Ratgeber dabei heraus. Neben allgemeingültigen Anleitungen zur Katzenerziehung wird hier besonders auf die Bedürfnisse von Sibirischen Katzen eingegangen. Er soll jedem angehenden Sibirischen Katzenbesitzer einen Leitfaden an die Hand geben, um schon im ersten Anlauf in der nicht ganz einfachen Erziehung alles richtig zu machen. Jede Katze ist es wert, schon im ersten Anlauf alles richtig zu machen und die Fehler zu vermeiden, die so vielen uninformierten Katzenhaltern unbewusst von Beginn an unterlaufen. Susanne Herzog hat über Jahre gesehen, wozu diese Fehler in Tierheimen führen und genau das soll den Lesern dieses Buches erspart bleiben.

Wer sich an die Tipps und Hinweise in diesem Ratgeber hält, der kann sich sicher sein, dass er viele Jahre lang Freude an einem außergewöhnlich tollen Begleiter haben wird.

VORWORT

Herzlichen Glückwunsch, Du hast die hervorragende Entscheidung getroffen, eine Sibirische Katze in Deinem Leben willkommen zu heißen. Und darüber hinaus hast Du beschlossen, diesen Ratgeber zu kaufen. Damit hast Du gleich zwei gute Entscheidungen getroffen.

Ein Katzenjunges ist ein kleines Energiebündel. Mit seiner Tollpatschigkeit, seinem flauschigen Fell und seinem endlosen Vertrauen in Dich – seinen Besitzer oder seine Besitzerin – erobert es alle Herzen im Sturm. Deine kleine Sibirische Katze wird Deinen Alltag erfüllen und schon bald wirst Du Dir ein Leben ohne sie nicht mehr vorstellen können.

Bevor Du die nächsten Seiten liest, solltest Du wissen, was Dich in diesem Buch erwartet. Dieser Ratgeber wird Deinen kleinen Liebling nicht über Nacht in eine wohlerzogene Katze verwandeln. Dieser Ratgeber zeigt Dir keine Abkürzung zum Erfolg auf. Und das Wichtigste: Das Lesen allein wird nichts verändern. Der Erfolg dieses Ratgebers hängt ganz allein von Dir ab!

Dieser Ratgeber gibt Dir alle Mittel an die Hand, damit Du nicht nur einen Freund fürs Leben findest, sondern eine angstfreie, glückliche, selbstbewusste und gut erzogene

Sibirische Katze großziehst. Dieses Buch basiert auf sanfter Erziehung, aber auch auf festen Regeln und jeder Menge Geduld und Wiederholung. Es wird nicht immer leicht sein, konsequent zu bleiben. Besonders dann nicht, wenn Dich die großen, süßen Katzenaugen bittend anschauen. Doch ich kann Dir garantieren, dass es sich langfristig lohnen wird. Nicht nur Du wirst davon profitieren, sondern Deine Sibirische Katze noch viel mehr, denn sie wird durch die in diesem Buch beschriebenen Erziehungsmethoden ein deutlich erfüllteres, sichereres und freieres Leben führen können.

Bist Du bereit, nicht nur die ersten Wochen, sondern ihr ganzes Leben viel Zeit und vor allem Liebe in Deine Sibirische Katze zu investieren?

Dann hast Du die richtige Entscheidung getroffen und kannst jetzt die nächsten Seiten lesen!

Ich wünsche Dir viel Erfolg und von Herzen alles Gute für euch zwei.

- Kapitel 1 -

WAS DU ÜBER DEINE SIBIRISCHE KATZE WISSEN MUSST

Die Sibirische Katze ist eine ganz besondere Katzenrasse, die sich deutlich von vielen anderen unterscheidet. In der Katzenerziehung gibt es viele Elemente, die für alle Rassen gleichermaßen gültig sind. Allerdings hat jede Rasse besondere Merkmale und Charakterzüge, die sie einzigartig machen. Und genau diese Eigenschaften sind in der Katzenerziehung wichtig.

Manche Erziehungselemente sind bei Deiner Sibirischen Katze deutlich wichtiger, schwieriger oder leichter als beispielsweise bei einer Bengal und genau hierauf werde ich Dich auf den nachfolgenden Seiten immer wieder hinweisen. Häufig ähneln sich die Erziehungsmethoden für alle Rassen, aber Du erhältst immer nochmal Hinweise von mir, wenn Du bei der Rasse der Sibirischen Katze etwas Besonderes beachten musst. Doch jetzt ist es erst einmal wichtig, dass Du Deine Sibirische Katze und ihre Eigenheiten genau kennenlernst.

Bei der Sibirischen Katze handelt es sich um eine urwüchsige Halblanghaarkatze, Wie ihr Name schon vermuten lässt, stammt sie aus Russland und der Ukraine. Dank ihres wärmenden Fells konnte sie dort der klirrenden Kälte trotzen und etablierte sich schnell als zuverlässige Mäusejägerin. Doch damit nicht genug: Das flauschige Fell lässt sie überaus attraktiv wirken, was Katzenliebhabern auf der ganzen Welt gefällt. Das erste Mal erwähnt wird sie daher bereits 1864, was sie zu einer der ältesten dokumentierten Hauskatzenrassen macht.

Tatsächlich war sie jedoch lange Zeit außerhalb Russlands kaum bekannt. Das änderte sich erst, als sie in den 90er Jahren immer mehr Herzen der DDR-Bewohner eroberte und von dort ihren Siegeszug in den Westen einleitete. Bereits 1997 folgte die Anerkennung durch den FIFe (Internationale Dachorganisation von Katzenzuchtverbänden). Die lange Zeit bis zur intensiven Zucht hat heute noch positive Auswirkungen auf die genetische Basis, denn diese ist deutlich höher als beispielsweise bei der Maine Coon, mit der sie häufig verwechselt wird. Dadurch ist die Rasse deutlich gesünder.

Im Vergleich zur Maine Coon ist die Sibirische Katze kleiner und sie ist weniger hochbeinig als die Norwegische Waldkatze, mit der sie ebenfalls häufig gleichgestellt wird. Auch unterscheidet sich die Kopfform der drei Arten deutlich voneinander. Im Vergleich zur Maine Coon ist der Kopf der Norwegischen Waldkatze dreieckiger und der der Sibirischen Katze breiter und runder. Sie ist auch leichter und wiegt 3 bis 8 kg und gehört damit zu den mittelgroßen Katzen. Ihr Fell ist halblang, dicht und wasserabweisend. An Farben ist alles erlaubt. Anzumerken ist dabei jedoch, dass Katzen mit einer Point-Färbung seit 2011 einem eigenen Rassenstandard angehören und als Neva Masquarade bezeichnet werden. Auffallend sind die sogenannten Schneeschuhe, wobei es sich um kleine Fellbüschel zwischen den Zehnballen handelt, die das Laufen auf Schneefeldern deutlich erleichtern. Außerdem ist das Fell am Kragen und den Hinterbeinen (Knickerbockerhosen) besonders plüschig. Obwohl es für viele den Anschein erweckt, als sei das Fell sehr pflegeintensiv, ist dem nicht so. Die meiste Zeit schafft es die Sibirische Katze ganz allein, ihr Fell sauber und frei von Knoten zu halten. Gerade während des Fellwechsels ist es aber sinnvoll, mit der Bürste nachzuhelfen, um unnötige Fellknäuel in der Wohnung zu vermeiden.

Geschätzt wird die Sibirische Katze aber nicht nur wegen ihres attraktiven Äußeren, sondern auch aufgrund ihres einmaligen Charakters. Sie ist sehr gesellig, überaus freundlich und in jeder Form umgänglich, was viele aufgrund ihrer Größe zuerst nicht erwarten.

Eine weitere beeindruckende Besonderheit bei dieser Katzenrasse ist ihre Anhänglichkeit und ihre Orientierung am Menschen. Sibirische Katzen sind noch dazu sehr intelligent und aufmerksam und interessieren sich außerordentlich für das Geschehen in ihrer direkten Umgebung. Durch ihre Verspieltheit und ihr enormes Geschick mit ihren großen Pfoten, lernen diese schlauen Tierchen manches schneller, als es ihren Haltern lieb ist. So ist es beispielsweise keine Seltenheit, dass Sibirische Katzen sich Türen selbstständig öffnen oder Wasserhähne an- und ausstellen, obwohl ihnen das nie bewusst beigebracht wurde. Gerade ihre Liebe zum Wasser unterscheidet sie von vielen anderen Katzenrassen. Eine feuchte Dusche oder Wanne, ein Planschbecken im Garten oder auch nur ein tropfender Wasserhahn kann stundenlang als Unterhaltung dienen. Daher empfehle ich auch jedem Halter immer, auf jeden Fall ein Platzdeckchen oder etwas Vergleichbares unter den Wassernapf zu legen – Du wirst es zu schätzen wissen.

Mit Kindern und anderen Tieren versteht sich diese Katzenrasse nicht nur gut, sondern sie zeigt ehrliches Interesse und eine große Spielbereitschaft.

Bezüglich ihrer Haltung stellt sie nur geringe Ansprüche und ist sehr genügsam. Sie kann komplett als Wohnungskatze gehalten werden – wobei die Wohnung aufgrund ihrer Größe nicht zu klein sein sollte. Einem Garten gegenüber ist sie jedoch niemals abgeneigt, da sie es genießt, die Natur zu beobachten und auch das ein oder andere Jagdabenteuer lehnt sie nicht ab. Sie muss allerdings kein Freigänger sein, um ein zufriedenes und ausgeglichenes Katzenleben zu führen. Viel wichtiger als Zugang zur Außenwelt ist für Deine Sibirische Katze die Nähe, die gemeinsame Zeit und der liebevolle Umgang mit Dir und allen anderen Menschen und Tieren im Haushalt. Für sie ist es wichtig, am Familienleben teilzunehmen und in Aktivitäten integriert zu sein. Ob das drinnen oder draußen stattfindet, ist für Deine Sibirische Katze vollkommen zweitrangig.

Solltest Du Deine Sibirische Katze noch nicht ausgesucht haben, sondern noch mit dem Gedanken spielen, Dir eine zu kaufen, gebe ich Dir abschließend noch folgenden Tipp: Beziehe sie unbedingt von einem seriösen Züchter und informiere Dich genau über diesen und die Elterntiere. Deine Sibirische Katze wird durchschnittlich 12 Jahre alt und da ist es wichtig, dass sie gesundheitlich und von ihrer sozialen Prägung her gut aufgestellt ist und nicht wegen Überzüchtung schon von Geburt an ein schwieriges Leben haben wird. Schau Dir auch genau an, wie der Züchter seine eigenen Katzen behandelt und ob dies mit den Methoden, die Du in diesem Buch erlernen wirst, übereinstimmt. Eine in der frühen Jugend traumatisierte Katze verlangt ein enormes Erziehungsprogramm und das überfordert die meisten Katzenbesitzer. Ein seriöser Züchter sollte Dir auch immer den Stammbaum zeigen können. Hier darf kein Ahne zweimal vorkommen, um Inzuchtprobleme von Beginn an zu vermeiden. Auch wenn es schmerzen kann, so kostet eine seriös gezüchtete Sibirische Katze in der Regel um die 700 Euro. Alles, was deutlich darunter liegt, sollte Dein

Misstrauen erregen, da es sich hierbei meist um sogenannte Vermehrer handelt. Diese legen wenig Wert auf eine artgerechte Haltung und gute Sozialisierung ihrer Tiere und schon gar nicht auf eine gesunde genetische Basis.

Schaue Dir sowohl die Katzenjungen, als auch den Züchter und die Elterntiere ganz genau vor dem Kauf an, damit Deinem glücklichen Leben zusammen mit Deiner Sibirischen Katze nicht schon von Anfang an Steine in den Weg gelegt werden.

Natürlich kannst Du Deine Sibirische Katze auch jederzeit aus dem Tierheim adoptieren. Diese Option wäre nicht nur sehr nobel und vorbildlich, sondern Du würdest der Katze gleichzeitig auch die Chance auf ein gutes, erfülltes und glückliches Leben geben. Allerdings ist nicht jeder bereit oder in der Lage, eine Tierheimkatze aufzunehmen, denn diese Katzen kommen selten ohne Vorbelastungen ins Heim. Diese können einmal gesundheitlicher Natur sein, was Dich eventuell ein ganzes Katzenleben lang finanziell belasten wird, oder die kleinen Samtpfoten haben traumatische Erlebnisse hinter sich und sind deshalb vielleicht sogar verhaltensauffällig und schwer vermittelbar.

Beides muss nicht zwingend zutreffen, aber die Möglichkeit ist bei einer Tierheimkatze deutlich höher, als bei einer Katze von einem seriösen Züchter. Darüber solltest Du Dir im Klaren sein und alle Risiken und eventuelle Vorbelastungen detailliert im Tierheim ansprechen. Wenn Du Dich dieser Herausforderung gewachsen fühlst, ist es großartig, dass Du einer Tierheimkatze ein neues Zuhause schenkst! Für die Erziehung Deiner Sibirischen Katze bedeutet das wahrscheinlich, dass Du nochmal geduldiger sein musst und bei vielen Dingen ein paar mehr Wiederholungen einplanen kannst, um alte Erlebnisse und Verhaltensmuster zu überschreiben. Aber mit der richtigen Einstellung und dem festen Willen wird Dir auch das gelingen, davon bin ich überzeugt.

Für den schnellen Überblick findest Du auf den nachfolgenden Seiten noch einen Steckbrief zur Rasse der Sibirischen Katze. Eine Checkliste, was beim Kauf alles zu beachten ist, findest Du außerdem im Kapitel „Checklisten für den Start“.

STECKBRIEF SIBIRISCHE KATZE

Bild	
Herkunft	Russland, Ukraine
Größe	Mittelgroß Länge bis 120 cm (inkl. Schwanz) Schulterhöhe bis 35 cm
Gewicht	Katze: 3 – 6 kg Kater: 4,5 – 8 kg
Körperbau	Muskulös und robust, langgestreckt mit buschigem Schwanz, große Pfoten.
Kopfform	Der Kopf ist eher rund und breit geformt.
Augen	Die bevorzugten Augenfarben sind gelb, grün, gold und blau.

Fell und Farbe	Das Fell ist halblang, dicht und plüschig. Im Sommer ist es ohne Unterfell, im Winter jedoch mit sehr dichtem Unterfell. Am Kragen und den Hinterbeinen ist es besonders plüschig. An Farben ist fast alles erlaubt, bis auf Chocolat und Cinnamon. Außerdem sind sowohl Burma- als auch Tonkanesen-Abzeichen nicht erlaubt.
Fellpflege	Aufgrund der Länge ist regelmäßiges Kämmen und Bürsten sinnvoll, um Verfilzungen zu vermeiden.
Charakter	Sie ist sehr treu, sozial, anhänglich, aber auch verspielt.
Besonderheiten	Im Gegensatz zu vielen anderen Katzenrassen liebt sie Wasser.

- Kapitel 2 -

GRUNDPFEILER DER KATZENERZIEHUNG

Über Katzenerziehung gibt es zahlreiche Bücher und noch viel mehr Meinungen. Fast jeder Katzenbesitzer macht es anders und Du hast von Deinen Freunden und Verwandten, die selbst Katzen halten, bestimmt schon viele Tipps erhalten. Da ist es nicht ungewöhnlich, wenn Du Dir selbst schon einmal die Frage gestellt hast, ob Du diese ganze Erziehungssache wirklich so ernst nehmen musst. Gerade bei Katzen wird die Erziehung im Gegensatz zum Hund häufig nicht als allzu wichtig eingestuft. Was soll bei den kleinen Samtpfoten schon groß passieren, wenn sie nicht so perfekt gehorchen wie beispielsweise Lassie?

Doch die Antwort auf die Frage lautet ganz klar: „JA“! Auch bei Katzen ist die Erziehung unglaublich wichtig.

An dieser Stelle betone ich immer gerne, dass es mir nicht darum geht, dass Deine kleine Sibirische Katze von Dir lernt, Männchen zu machen und sich auf Dein Signal hin dreimal im Kreis dreht. Darum geht es mir nicht im Entferntesten und das wird auch nicht der Inhalt dieses Buches sein.

Lasse es mich so erklären: Du lebst wahrscheinlich nicht als Einsiedler irgendwo abgeschieden in den kanadischen Weiten. Du wohnst eher in einem normalen Dorf oder einer normalen Stadt und führst ein normales Leben, wodurch die Freiräume Deiner Katze automatisch eingeschränkt werden. Dazu kommen die vielseitigen Ablenkungen, die Deiner Katze in der heutigen Welt geboten werden und die Tatsache, dass auch mal „Fremde" Deine Wohnung betreten, Du nicht 24 Stunden am Tag zu Hause bist, Du ein friedvolles und ausgeglichenes Zusammenleben bevorzugst und wahrscheinlich auch einen gewissen Anspruch an Ordnung und Sauberkeit in Deiner Wohnung stellst.

Ich nehme auch einfach an, dass es Dir lieber ist, wenn Deine Katze das Katzenklo anstelle des Blumenkübels benutzt, wenn sie nachts nicht die halbe Wohnung auf den Kopf stellt und sich nicht regelmäßig an Deiner Couch die Krallen schärft. Noch dazu ist es angenehm, wenn Du freistehendes Essen nicht wie ein Polizist bewachen musst und wenn Du weißt, dass Besuch für Deine Sibirische Katze keine außerordentliche Belastung und unerträglichen Stress darstellt.

Um Dir und Deiner Katze ein möglichst angenehmes Leben zu ermöglichen, in dem ihr beide alle möglichen Freiräume genießt, ist es wichtig, dass sie von Dir lernt, mit der modernen Welt zurechtzukommen. Sie darf keine Angst vor Lärm (wie beispielsweise dem Staubsauger oder der

Müllabfuhr), Menschen (ob Besuch oder vielleicht einem Handwerker) oder Neuem (wie einem Teppich) haben. Sie darf nicht aggressiv reagieren und muss sich vollkommen auf Dich verlassen können.

Hat sie von Dir eine gute Erziehung erhalten, wird sich euer beider Leben deutlich angenehmer und entspannter gestalten. Deine Katze wird weniger gestresst sein und erfährt dadurch spürbar mehr Freiheiten. Beispielsweise wird sich Deine Sibirische Katze in der Wohnung – aber auch außerhalb Deiner vier Wände – deutlich freier bewegen können. Und Du wirst Dein Haus mit einem guten Gefühl verlassen können, ohne in der Angst zu leben, was sie dieses Mal wieder zerstören wird oder wohin sie dieses Mal pinkelt. Viele Katzenhalter unterschätzen leider den Nutzen, den eine gute Erziehung mit sich bringt und kommen daher nie in den Genuss, zu spüren, wie innig, vertrauensvoll und erfüllend ein Zusammenleben mit einer Katze wirklich sein kann.

Damit Du nicht zu diesem traurigen Personenkreis gehören wirst, erfährst Du auf den nachfolgenden Seiten alles notwendige, um euer zukünftiges gemeinsames Leben so erfüllend wie möglich zu gestalten.

KATZENERZIEHUNG – EIN DING DER UNMÖGLICHKEIT?

Da Du meinen Ratgeber erworben hast, scheinst Du ernsthaft mit dem Gedanken zu spielen, Dein Katzenjunges erziehen zu wollen. Wenn Du über diesen – wohl angemerkt sehr vernünftigen – Gedanken mit Deinen Mitmenschen sprichst, werden wohl die meisten erstaunt erwidern, dass Katzen im Gegensatz zu Hunden nicht zu erziehen sind.

Natürlich liegen diese Menschen nicht gänzlich falsch. Den meisten Katzen fehlt im Vergleich zu vielen Hunderassen der so genannte „will to please" – der Wunsch, seinem Halter zu gefallen. Außerdem schätzen viele an Katzen gerade ihr Selbstbewusstsein, ihre Willensstärke und „ihren eigenen Kopf". Diese Eigenschaften soll Deine Katze auch nicht verlieren, ganz im Gegenteil, aber sie soll lernen, dass es bei Dir im Haushalt Regeln gibt, an die auch sie sich zu halten hat.

Den Vorwurf, dass dies keine artgerechte Haltung darstellt, kannst Du getrost an Dir abperlen lassen. Jeder, der sich intensiver mit Katzen beschäftig, erkennt sehr schnell, dass auch Katzen untereinander für ein erfolgreiches Zusammenleben Regeln aufstellen, die von allen beachtet werden. Selbst – oder wohl eher gerade auch – die Mutter macht ihren Kitten sehr schnell und deutlich klar, was bei ihr erlaubt ist und was nicht. Und auch untereinander lernen die Jungen sehr schnell, wann sie zu weit gegangen sind.

Die Ausrede, dass Katzenerziehung unmöglich oder sogar nicht artgerecht sein soll, hörst Du daher meist von Menschen, die vor dem Aufwand zurückschrecken. Denn natürlich sollte Dir von vorneherein klar sein, dass das Erziehen Deiner Sibirischen Katze einiges an Zeit, Arbeit und Energie beanspruchen wird. Aber all das wird sich lohnen. Genau genommen geht es bei der Katzenerziehung auch viel mehr darum, das Verhalten der Menschen zu ändern, wodurch sich das Katzenverhalten gleich mit ändert. Denn bei den meisten sogenannten „Problemkatzen", die ich bisher kennengelernt habe, bestand ein Großteil des Problems im Verhalten der Menschen. Diese hatten – selbstverständlich unbewusst – dafür gesorgt, dass ihre Katze langsam aber sicher zum Problemfall wurde. Das möchte ich bei Dir unbedingt verhindern.

Wichtig zu wissen ist außerdem, dass Deine Katze in den meisten Fällen schnell lernt, was sie darf oder was sie nicht darf. Durch ihre Selbstständigkeit und ihren fehlenden „will to please" macht es für sie jedoch nicht immer Sinn, Dir als ihrem Menschen permanent zu gehorchen – was viele Katzenhalter nahezu um den Verstand bringt. Durch positive Verstärkung, wie Du sie in diesem Ratgeber kennenlernst, kannst Du allerdings dafür sorgen, dass es sich für Deine Samtpfote beginnt zu lohnen und es somit auch in ihrem Interesse ist, auf Dich zu hören. Du wirst merken, dass sich der Prozentsatz der ignorierten Befehle immer mehr verringern wird, auch wenn er wahrscheinlich nie bei null ankommt.

Mache Dir aber bitte auch von Anfang an bewusst, dass Deine Katze manche Dinge einfach nicht lernt oder nicht lernen kann, weil es nicht in ihrer Natur liegt. Was genau meine ich damit? Deine Sibirische Katze kratzt beispielsweise nicht an Deiner neuen Couch, um Dich zu ärgern, sondern sie tut es einzig und allein, um ihr Revier zu markieren und gleichzeitig ihre Krallen zu schärfen. Ihr ist einfach nicht bewusst, dass Kratzer in der neuen Couch für Dich ärgerlich sind. Auch tobt sie nachts nicht durch die ganze Wohnung, um Dich bewusst von Deinem wohlverdienten Schlaf abzuhalten, sondern sie kommt dabei einfach ihrer natürlichen Veranlagung nach.

Die gerade genannten Beispiele wirst Du Deiner Katze mit keiner Erziehungsmethode der Welt jemals gänzlich abgewöhnt bekommen, denn das wäre gegen ihre Natur. Und das sollte auch nicht das Ziel von Katzenerziehung sein. Wir wollen die Katze schließlich nicht in ihrer Art und Weise grundlegend ändern, sondern das Zusammenleben verbessern und vereinfachen. Was daher das richtige Ziel für Dich sein sollte, ist, das unerwünschte Verhalten nicht gänzlich abzuschaffen, sondern es in Bahnen zu lenken, die für Dich als Besitzer akzeptabel sind.

Sei Dir immer im Klaren darüber, was Du von Deiner Sibirischen Katze wirklich erwarten kannst und fordere bitte nicht zu viel. Es ist wichtig, dass Du ihr noch genügend Freiräume lässt, um trotz aller Erziehung ein artgerechtes Leben zu führen. Erhält Deine Katze jedoch zu wenig Erziehung, ist die Folge meist, dass Du ein unausgelastetes, frustriertes Tier zu Hause hast, das häufig auch noch Verhaltensauffälligkeiten zeigt. Leider tendieren viele Halter dann dazu, ihren Tieren noch mehr Freiräume einzuräumen, was das Problem nur noch verschlimmert.

Es mag zwar seltsam klingen, aber auch die von uns so sehr geliebten selbstständigen und eigenwilligen Samtpfoten bevorzugen es eigentlich, wenn ihnen eine klare Richtung vorgegeben wird. Natürlich würden sie das niemals zugeben, aber ihnen geht es – wie uns Menschen übrigens auch – tatsächlich besser, wenn ihnen Grenzen aufgezeigt werden und gleichzeitig positives Verhalten gefördert wird.

Eine Katze, die weiß, was sie darf und was sie nicht darf, führt grundsätzlich ein entspannteres Leben, als ihre nicht erzogenen Artgenossen. Aus diesem und vielen weiteren Gründen kann ich Dir klipp und klar sagen, dass Katzenerziehung kein Ding der Unmöglichkeit ist. Es liegt einzig und allein am Halter, ob dieser bereit ist, den Aufwand zu erbringen.

Besonderheiten bei Deiner Sibirischen Katze

Mit Deiner Sibirischen Katze hast Du das Glück, dass sie im Gegensatz zu anderen Katzenrassen ein relativ großes Interesse an der aktiven Interaktion mit Dir als ihrem Halter oder ihrer Halterin hat.

Das ist für Dich auf der einen Seite ein erheblicher Vorteil, denn Du wirst es deutlich leichter haben als Halter anderer Katzenrassen Deine Sibirische Katze zum Mitmachen zu animieren. In der Regel ist sie von sich aus bereit, an allen Aktivitäten, die Du ihr anbietest, teilzunehmen. Außerdem versteht sie durch ihre hohe Intelligenz sehr schnell und ahmt alles, was sie sieht, in kürzester Zeit nach.

Auf der anderen Seite stellt dies für Dich auch eine Verpflichtung dar. Deine Sibirische Katze ist nicht gerne alleine und wenn Du da bist, beschäftigt sie sich gerne mit Dir. Dir muss daher bewusst sein, dass Deine Katze kein Kuscheltier ist, das Du streichelst, wenn Du Lust dazu hast, und dass ansonsten brav in der Ecke sitzt und wartet. Schenkst Du ihr nicht die Aufmerksamkeit, die sie braucht, wird sich Deine Katze bemerkbar machen. Sollte sie dauerhaft zu wenig gefordert und gefördert werden, kann auch Deine Sibirische Katze verhaltensauffällig werden.

Damit es dazu nicht kommt, erfährst Du im nächsten Kapitel, was es mit der inneren Raubkatze Deiner Sibirischen Katze auf sich hat.

DIE INNERE RAUBKATZE

So unglaublich es auch klingen mag, aber eigentlich leben wir Menschen erst seit sehr kurzer Zeit mit Katzen in einem engen Verbund zusammen. Im Gegensatz zum Hund, der schon seit mehreren hunderten, wenn nicht sogar tausenden Jahren in einer engen Gemeinschaft mit uns Menschen lebt, gibt es die Hauskatze, wie wir sie heute kennen, erst seit ungefähr 150 Jahren. Natürlich lebte der Mensch auch schon lange vorher mit Katzen zusammen, aber eben nicht so eng, wie es heute der Fall ist.

Katzen waren bis zu diesem Zeitpunkt lediglich Nutztiere, die den Hof und vor allen Dingen die Vorratskammern vor Schädlingen wie Mäusen schützten. Sie genossen fast alle Freiheiten und bekamen keine Zwänge auferlegt, denn sie lebten selten innerhalb des Hauses. Doch seitdem der Mensch die Katze nicht nur als Nutz- sondern auch als Gesellschaftstier entdeckt hat, hat sich so einiges für unsere Katzen geändert.

Statt einem Revier, welches im Idealfall mehrere Kilometer an Radius aufwies, wurde ihr Leben auf klägliche 80 Quadratmeter reduziert. Statt ihr Geschäft da zu hinterlassen, wo es am strategisch wertvollsten ist, wurde ihnen antrainiert, ein Katzenklo zu benutzen. Statt die meiste Zeit des Tages mit Jagen zu verbringen, wird von ihnen erwartet, ruhig und brav in der Ecke zu liegen. Und für all diese grundlegenden Veränderungen hatte sie nur circa 150 Jahre Zeit, was evolutionstechnisch ein Wimpernschlag ist.

Daher überrascht es auch nicht, dass jede Hauskatze immer noch über ihre ganz eigene „innere Raubkatze" verfügt, wie ich es gerne nenne. Diese innere Raubkatze tritt nicht immer zu Tage und auch nicht immer mit demselben Nachdruck, aber ich kann Dir garantieren, dass auch Du sehr schnell mit der inneren Raubkatze Deiner Sibirischen Katze Bekanntheit machen wirst.

Dabei muss die innere Raubkatze nichts Schlechtes sein. Ganz im Gegenteil sorgt sie sogar dafür, dass unsere Katzen so selbstbewusst sind. Wir haben ihr den erhabenen Gang und diesen unglaublich stolzen Blick zu verdanken, der uns zeigt, wie privilegiert wir uns fühlen dürfen, den Raum mit ihr zu teilen. Eine gut entwickelte innere Raubkatze ist aber auch dafür verantwortlich, dass sich unsere Katze nicht wie ein Angsthase unter dem Bett verkriecht, wenn Besuch kommt, sondern sich selbstbewusst an dessen Beinen reibt, um ihren Duft zu verteilen. Eine gut entwickelte innere Raubkatze fühlt sich in ihrem Territorium wohl und kennt ihren Herrschaftsanspruch und hat es daher nicht nötig, ihr Revier durch ständiges Wildpinkeln (auf das Sofa, die Anziehsachen oder den Lieblingsteppich) noch zusätzlich zu verdeutlichen.

Wird die innere Raubkatze jedoch vom Menschen vernachlässigt, hat dies meist eine von zwei vollkommen gegensätzlichen Folgen: Entweder wird die Katze über kurz oder lang zum absoluten Angsthasen, der vergessen hat, was für ein großartiges Tier in ihm steckt, oder die Katze mutiert zu einem aufgeblasenen Protz, der sich selbst zwanghaft als deutlich größer und wichtiger aufspielen muss, als er sich eigentlich in seinem Inneren fühlt.

Trifft die erste Variante zu, verlässt die Katze kaum noch ihr heimliches Versteck – welches sich häufig unter dem Bett oder im Kleiderschrank befindet. Halter bekommen ihr Haustier kaum noch zu Gesicht und wenn doch, dann schleicht es fast schon wie ein Geist fest an die Wand gedrückt durch die Wohnung. Besuch dagegen könnte meinen, dass gar keine Katze in diesem Haushalt lebte – wäre da nicht dieser aufdringliche Pipigeruch. Denn Angsthasen tendieren häufig vor lauter Unsicherheit dazu, selbst für ihre dringendsten Bedürfnisse ihr Versteck nicht mehr zu verlassen. Und wenn unwissende Halter dann auch noch aus falsch verstandenem Mitleid das Katzenklo und das Essen unter dem Bett oder im Schrank platzieren, gibt es für das traurige Tier keinen Grund mehr, seinen Rückzugsort zu verlassen.

Beim aufgeblasenen Protz ist genau das Gegenteil der Fall. Er sorgt dafür, dass er nicht übersehen werden kann und dass jeder genau weiß, dass er da ist. Er stellt sich häufig und gerne in den Weg und markiert sein Revier gerne und oft, was nicht nur zu ungewünschten Pipi-, sondern insbesondere auch zu Kratzspuren an Möbeln und Wänden führt. In seinem Inneren ist der Protz ebenso verunsichert wie der Angsthase, aber er bringt es durch seine übertriebene Handlung anders zum Ausdruck.

In beiden Fällen ist für den Experten deutlich zu erkennen, dass die innere Raubkatze bei diesen Tieren im Ungleichgewicht ist. Dieses Ungleichgewicht zu kitten ist gar nicht einfach, daher ist es mir so wichtig, dass Katzenjunge direkt mit einer gut entwickelten inneren Raubkatze aufwachsen und dass Halter auch die Bedürfnisse kennen, die diese an sie stellt (hierauf gehen wir im Kapitel „Die Grundbedürfnisse Deines Kittens" noch näher ein).

Allzu häufig stelle ich fest, dass Menschen ihre Katze als Besitz ansehen. Wahrscheinlich denkst Du jetzt, dass das bei Dir auf jeden Fall anders ist, doch was ich genau meine, würde ich Dir gerne an einem Beispiel erläutern.

Stelle Dir einmal vor, Du kommst nach einem wirklich anstrengenden Arbeitstag nach Hause und bist vollkommen erschöpft und müde. Plötzlich klingelt das Telefon und die Polizei ist am anderen Ende der Leitung. Sie teilt Dir mit, dass Dein Mann oder Deine Frau – die Seele von einem Menschen – in eine Prügelei verwickelt war und von Dir jetzt auf dem Polizeipräsidium abgeholt werden kann.

Was sind in dieser Situation Deine ersten Gedanken? Sehr wahrscheinlich lauten sie wie folgt: „Wie konnte das passieren und was kann ich tun, um meinem Mann/meiner Frau zu helfen?“ Dich interessiert also der Hintergrund, denn Du weißt, dass Dein Partner nicht grundsätzlich gewaltsam ist und dass dieses Verhalten nicht zu ihm oder ihr passt. Außerdem überlegst Du sofort, wie Du ihm in dieser schwierigen Situation beistehen kannst und was Du unternehmen kannst, damit das nicht noch einmal passiert.

Stelle Dir jetzt vor, dass nicht das Telefon klingelt, sondern dass Du siehst, dass Deine kleine Sibirische Katze in Deiner Abwesenheit sowohl auf die neue Couch, als auch auf den Teppich gepinkelt hat.

Was sind jetzt Deine ersten Gedanken? Sehr wahrscheinlich lauten sie wie folgt: „Warum tut sie mir das an und wie bekomme ich die Flecken wieder raus?“ Im Gegensatz zu der Situation mit Deinem Mann oder Deiner Frau drehen sich Deine Gedanken nicht um das „warum“ und „wie kann ich helfen“ sondern darum, dass Dir bewusst geschadet wurde und wie Du den Schlamassel gelöst bekommst. Ich muss gestehen, dass es mir früher genauso ging. Bis ich gelernt habe meine Katze nicht als meinen „Besitz“ anzusehen, sondern als eine Beziehungsperson, die ihre eigenen Bedürfnisse hat und mit der ich in einer Wohngemeinschaft zusammenlebe.

Für die Erziehung Deines Kittens und die richtige Entwicklung der inneren Raubkatze Deiner Sibirischen Katze ist diese Betrachtungsweise unabdinglich. Du musst bei allem, was Du machst, Deine Katze immer als Beziehungsperson ansehen, so wie Du es auch bei einem Menschen machen würdest. Ist sie für Dich nur ein weiterer Besitz, kann ich Dir jetzt schon prophezeien, dass die innere Raubkatze in ihr verkümmern wird, was für keinen von euch gut sein wird.

Wann genau die innere Raubkatze zum Vorschein kommt und wie genau Du dann mit ihr umgehen solltest, werde ich in den nachfolgenden Kapiteln noch näher erläutern.

Besonderheiten bei Deiner Sibirischen Katze

Die innere Raubkatze Deiner Sibirischen Katze erkennst Du am deutlichsten an ihrem ausgeprägten Spieltrieb und Klettertrieb. Wenn Du Dein Kitten dabei beobachtest, werden Dir viele Parallelen zu ihren wilden Verwandten auffallen.

Für Dich ist wichtig zu wissen, dass das Jagen für Deine Sibirische Katze nicht einfach nur ein Zeitvertreib oder ein Hobby ist, das gepflegt werden kann, aber nicht unbedingt notwendig ist. Für sie ist das Jagen ein essenzieller Bestandteil ihres Lebens und muss von Dir nicht nur akzeptiert, sondern im Idealfall durch ritualisierte Spiele unterstützt und verstärkt werden. Dir sollte daher von Anfang an bewusst sein, dass es zu Deinem neuen Leben dazugehören muss, mehrmals am Tag mit Deiner Sibirischen Katze eine Jagdsituation zu simulieren – das ist ähnlich selbstverständlich wie das Gassi gehen beim Hund.

Und ich kann Dir versprechen: Es macht sogar Spaß. Zu sehen, wie Deine Katze jagt und wie sie sich dabei verhält, welche Taktiken sie anwendet, ist nicht nur sehr unterhaltsam, sondern gleichzeitig auch ein tolles

Bindungsinstrument, das euch zu zwei echten Partnern zusammenschweißen wird.

Die Zauberformel

Häufig werde ich nach einem Trick oder einer Zauberformel gefragt, mit der jeder sein Kitten in eine wohlerzogene Katze verwandeln kann. Einmal abgesehen davon, was ich von Leuten halte, die immer nach dem einfachsten Weg suchen, um ihre Ziele zu erreichen, gibt es tatsächlich eine Art Zauberformel, doch sieht diese anders aus, als die meisten es erwarten. Meine Zauberformel, die Du für eine erfolgreiche Katzenerziehung benötigst, besteht – so simpel es auch klingen mag – aus nur drei Komponenten:

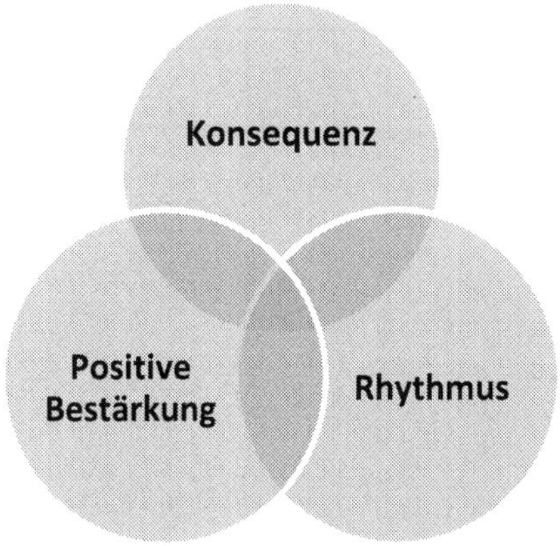

Wahrscheinlich denkst Du Dir jetzt: „Wie, das war es schon? So einfach soll das sein?"

Aber aus Erfahrung kann ich Dir sagen: Unterschätze diese drei Komponenten nicht. Denn Du musst Dich an alle Drei halten. Bist Du konsequent, aber lässt die positive Bestärkung unter den Tisch fallen, wirst Du nicht die Erfolge erzielen, die Du erzielen könntest. Hapert es bei Dir (oder, was noch viel häufiger vorkommt, bei anderen in Deinem Haushalt lebenden Personen) an der Konsequenz, kannst Du noch so viel positive Bestärkung einsetzen und noch so sehr auf den Rhythmus pochen, Deine Katze wird Dir wahrscheinlich ein Leben lang auf der Nase herum tanzen. Nur wenn alle drei Komponenten im Einklang miteinander sind, wirst Du wirklich erfolgreich in der Erziehung Deiner Sibirischen Katze sein. Mit erfolgreich meine ich in diesem Zusammenhang auch am effektivsten. Denn wie Du weißt, erreichen manche ihre Ziele deutlich schneller als andere. Und das meist nicht aus purem Glück heraus, sondern weil sie etwas anders machen, als die anderen. Genau zu diesem Personenkreis wirst Du auch gehören, wenn Du bei der Erziehung Deines Sibirischen Kittens auf positive Bestärkung, Konsequenz und Rhythmus setzt.

Damit Du genau weißt, was das für Dich bedeutet, schauen wir uns die drei Komponenten jetzt einmal im Detail an. Wir beginnen mit der positiven Bestärkung.

Was viele Halter bei ihren Katzen unterschätzen, ist, dass sie ebenso sensibel sind wie Hunde. Durch ihr Selbstbewusstsein und ihre Selbstständigkeit können Katzen schon mal den Eindruck vermitteln, nicht so sehr an ihren Haltern zu hängen und nicht so empfänglich für diese zu sein wie beispielsweise Hunde. Doch das ist falsch. Katzen sind sehr sensible Tiere, die eine sehr enge Beziehung zu ihren Menschen aufbauen. Außerdem nehmen sie Stimmungsschwankungen bei uns sehr gut wahr und können genau erkennen, ob wir ein Verhalten von ihnen gutheißen oder nicht.

Richtig ist, dass sich die meisten Katzen mit großer Abneigung und Missbilligung gegen alles zur Wehr setzen, was mit Druck, Zwang oder Stress zu tun hat. Gerade bei einem Katzenjungen wie in Deinem Fall ist dieses Verhalten noch viel ausgeprägter. Daher ist die positive Bestärkung ein so unglaublich wichtiger Baustein in der Katzenerziehung. Deine Sibirische Katze wird es nicht akzeptieren, wenn Du sie mit Zwang oder gar Gewalt zu einem bestimmten Verhalten animieren möchtest – was übrigens für kein Tier der geeignete Weg ist, insbesondere nicht, wenn Du langfristig mit ihm zusammenleben möchtest. Wie bei den meisten Tieren geht auch bei Katzen die Liebe durch den Magen.

Mein Tipp an Dich lautet daher: Nutze die positive Bestärkung in Form von Leckerchen, um Deiner Sibirischen Katze zu signalisieren, wenn sie etwas richtig macht. Belohne sie immer und zwar unverzüglich (das Timing ist hierbei ebenfalls ein entscheidender Faktor), wenn sie genau das macht, was Du von ihr willst. Dadurch erreichst Du, dass Deine Sibirische Katze ein Verständnis dafür aufbaut, was richtig und was falsch ist. Das allein wird sie aber noch nicht dazu veranlassen, das gewünschte Verhalten dauerhaft zu wiederholen. Denn wie bereits zuvor erwähnt, sehen Katzen häufig einfach keinen Sinn darin, mit ihrem Verhalten den Wünschen von uns Menschen zu entsprechen. Gewöhnst Du Dein Kitten jedoch von Anfang an daran, dass positives Verhalten in Form von Leckerchen oder Streicheleinheiten belohnt wird, sorgst Du dafür, dass dieses Verhalten für Deine Sibirische Katze sinnvoll wird – denn sie weiß, dass sie davon profitiert.

Der nächste Baustein ist die Konsequenz. Natürlich klingt es so einfach, in der Erziehung Deiner Katze konsequent zu sein. Doch die Wirklichkeit sieht anders aus. Hast Du zum Beispiel beschlossen, dass der Esstisch für Deine Sibirische Katze tabu ist, so musst Du dieses Verbot konsequent – sprich IMMER – aufrechterhalten. Sobald Du damit anfängst, Deiner Katze in Ausnahmefällen doch zu erlauben, auf den Esstisch zu springen – weil Du beispielsweise total erschöpft von der Arbeit nach Hause kommst und gerade einfach keine Lust hast, von der gemütlichen Couch aufzustehen und sie ein drittes Mal in Folge vom Esstisch zu heben – dann hat das gravierende Folgen auf alles, was Deine Katze bisher gelernt hat.

Denn im Gegensatz zu uns ist Deine Katze nicht in der Lage, zwischen Alltagssituationen und Ausnahmefällen zu unterscheiden. Erlaubst Du ihr (oder duldest Du es vielmehr) wie im oben beschriebenen Beispiel, dass sie auf dem Esstisch sitzt, verwirrst Du Deine Sibirische Katze. Und diese Verwirrung wird dazu führen, dass der Esstisch für sie kein No-Go mehr ist und sie wird immer öfters ihre Grenzen bei Dir austesten. Dazu kommt, dass Deine Inkonsequenz in einem Bereich auch dazu führen kann, dass andere Bereiche plötzlich wieder in Frage gestellt werden.

Mein Tipp an Dich lautet daher: Entscheidest Du Dich für eine Sache, musst Du sie IMMER und ÜBERALL konsequent durchziehen. Ausreden und Ausnahmefälle werden nicht akzeptiert – da bin ich wirklich knallhart. Mit einer einzigen Ausnahme kannst Du im schlimmsten Fall die Arbeit von Wochen ruinieren! Behalte das immer im Hinterkopf. Darüber hinaus reicht es nicht aus, wenn nur Du Dich konsequent verhältst. Dasselbe gilt für alle Personen, die mit Dir in einem Haushalt leben oder die zu Besuch kommen. Deine Sibirische Katze darf bei keiner dieser Personen etwas erlaubt bekommen, das bei Dir ein No-Go ist. Konsequenz klingt so leicht, ist in meinen Augen jedoch die schwerste der drei Komponenten. Denn sie fordert Dich zu jeder Tages- und Nachtzeit, ob es Dir gerade passt oder nicht.

Damit kommen wir jetzt zu unserem dritten und letzten Baustein, dem Rhythmus. Die wenigsten Katzenhalter beachten diese Komponente und das merke ich ihren Katzen häufig sofort an. Ich persönlich bezeichne Katzen gerne als Energiestaubsauger, denn sie sind in der Lage, jegliche Energien schnell in sich aufzusaugen. Die Aufgabe von uns als Halter ist es, für diese Energie ein Ventil zu schaffen, damit unsere Katze nicht explodiert – was in der Regel zu unerwünschtem Verhalten führt – und dafür ist ein guter Rhythmus entscheidend. In den meisten Haushalten ist es so, dass mit dem Aufstehen das Energielevel erstmals ansteigt. In dieser Zeit wird Deine Katze daher besonders aktiv sein und sollte von Dir nicht vernachlässigt werden. Neben einer Fütterung solltest Du hier beispielsweise auch immer eine Spielrunde einplanen, um ihr ein Ventil für die aufgetankte Energie zu liefern. Den nächsten Energieschub erhält sie spätestens dann, wenn Du von der Arbeit nach Hause kommst. Auch hier empfehle ich, direkt eine Spielrunde einzuplanen. Den letzten Energieschub des Tages bekommt Deine Katze meistens, wenn Du Dich fürs Schlafen fertig machst. Willst Du verhindern, dass sich dieser Energieschub nachts entlädt, wenn Du eigentlich schlafen willst, dann empfehle ich Dir, auch kurz vor dem Schlafen gehen noch einmal eine kurze Spielphase einzuführen.

Den richtigen Rhythmus zu finden ist nicht leicht – aber es macht sich bezahlt. Immer dann, wenn viel los ist, lädt sich Deine Katze regelrecht mit Energie auf. Das hat sie ihrer inneren Raubkatze zu verdanken, die darauf trainiert ist, bei viel Aktion um sie herum in den Jagdmodus zu schalten – denn früher waren genau das die Situationen, in denen Deine Katze ihre Beute gefunden und anschließend gejagt und gefressen hat. Diesen Rhythmus wirst Du aus ihr nicht herausbekommen, aber Du kannst Dich auf ihn einstellen und Deiner Katze durch gemeinsame Jagdspiele eine Alternative bieten. Wenn Du Dich strikt daran hältst, wirst Du feststellen, dass Deine Sibirische Katze deutlich seltener etwas „anstellt" als andere Katzen, deren innere Raubkatze nicht verstanden wird.

DIE GRÖSSTEN IRRTÜMER

Einen der größten Irrtümer der Katzenhaltung, nämlich der, dass Katzen nicht erziehbar sind, haben wir bereits ausgeräumt. Leider gibt es noch viele weitere Irrtümer, die sich hartnäckig halten. Nachfolgend werde ich Dir die häufigsten nennen und erläutern, was ich persönlich davon halte.

Irrtum #1: Katzen sind hinterhältig und unberechenbar

Schon oft habe ich gehört, dass Katzen insbesondere im Vergleich zu Hunden hinterhältig sein sollen. Erst lassen sie sich genüsslich von uns streicheln und dann wird plötzlich zugebissen oder zugehauen. Fast jeder kennt diese Geschichten. Doch Tatsache ist, dass uns Katzen, bevor sie in den Kampfmodus wechseln, mehrfach warnen – die meisten Menschen sind nur nicht in der Lage, diese Warnungen zu verstehen. Wenn der Schwanz der Katze zu peitschen beginnt, die Hautmuskeln zucken, die Ohren nach hinten gehen oder der Blick abgewendet wird, sind das deutliche Anzeichen dafür, dass die Katze nicht mehr weiter gestreichelt werden möchte. Jede andere Katze würde das verstehen und von ihrem Gegenüber ablassen. Wenn der Mensch lernt, die Katzensprache zu interpretieren, dann wird er feststellen, dass Katzen mitnichten hinterhältig und unberechenbar sind.

Irrtum #2: Katzen sind strikte Einzelgänger

Es ist wahr, dass einige Wildkatzen als Einzelgänger leben, das lässt sich jedoch nicht eins zu eins auf die heutigen Hauskatzen übertragen. Bei Katzen gibt es wie bei uns Menschen Individuen, die mehr Wert auf gesellschaftlichen Umgang legen als andere. Daher ist es wichtig, nicht kategorisch auszuschließen, dass Deine Katze ein Interesse an einer Partnerkatze hat. Ganz im Gegenteil habe ich sehr häufig die Erfahrung gemacht, dass Katzen zu zweit deutlich mehr aufblühen, als wenn sie alleine gehalten werden. Daher rate ich Interessenten im Tierheim auch immer, direkt zwei Kitten zu adoptieren. Die Beziehung zu uns Menschen kann die Beziehung zu Artgenossen einfach nicht ersetzen. Wichtig ist, dass wenn zwei fremde Katzen zusammengeführt werden, Du Dir im Vorfeld alles gründlich und genau überlegst und dass Du Dir vor allen Dingen sehr viel Zeit für die Eingewöhnung nimmst. Diese kann sogar mehrere Monate in Anspruch nehmen, bis sich die Katzen das erste Mal richtig in der gemeinsamen Wohnung begegnen.

Irrtum #3: Katzen und Hunde sind wie Feuer und Eis

Wer kennt sie nicht die Annahme, dass sich Hunde und Katzen einfach nicht verstehen. Außerdem tendieren viele dazu, Menschen in zwei Kategorien einzuteilen: Katzenmenschen und Hundemenschen. Schon durch diverse Animationsfilme werden wir in unserer frühesten Kindheit darauf geprägt, dass sich Katzen und Hunde einfach nicht verstehen. Selbstverständlich ist das absoluter Humbug. Natürlich gibt es Ausnahmen, aber bei einer richtigen Sozialisierung verstehen sich Katzen und Hunde prächtig. Das ist insbesondere der Fall, je früher sie aneinander gewöhnt werden. In der Anfangsphase kann es zwar noch zu ein paar Übersetzungsfehlern kommen, da die Körpersprache der beiden Rassen teilweise genau gegensätzlich ist. Allerdings sind sowohl Hunde als auch Katzen in der Lage, mit der Zeit die jeweils andere Körpersprache zu lernen. Einem Zusammenleben von Hund und Katze steht daher nichts im Weg und ich persönlich bin sogar ein großer Fan davon.

Irrtum #4: Meine Katze uriniert aus Trotz nicht in ihr Katzenklo

Hierzu kann ich ganz klar sagen, dass Katzen ein Verhalten wie Trotz nicht kennen. Hierbei projizieren wir vielmehr unsere eigenen Verhaltensweisen auf unsere kleine Samtpfote. Wenn Deine Sibirische Katze öfters nicht in ihr Katzenklo uriniert, hat dies andere Gründe. Am wichtigsten ist, dass Du erstmal vom Tierarzt ausschließen lässt, dass es eine gesundheitliche Ursache dafür gibt. Wenn es daran nicht liegt, kann es verschiedene Ursachen haben. Eventuell ist das Katzenklo geschlossen, was vielen Katzen nicht behagt. Vielleicht ist es auch nicht sauber genug, steht an der falschen Stelle oder Deine Katze verbindet damit ein negatives Ereignis. Aber auch Langeweile und Stress und natürlich eine schlecht entwickelte innere Raubkatze können dazu führen, dass Deine Katze die Benutzung des Katzenklos verweigert. Dieses Thema nehmen wir im Kapitel „Stubenreinheit“ noch einmal auf.

Irrtum #5: Der Mensch ist nur ein Dosenöffner

Gerade von sogenannten Katzenhassern ist häufig zu hören, dass Katzen ihre Menschen eigentlich nur als Dosenöffner ansehen. Doch das ist falsch. Katzen bauen zu ihren Menschen eine sehr innige Beziehung auf. Sie sind allerdings nicht in der Lage (oder besser gesagt entspricht es nicht ihrer inneren Raubkatze), diese Bindung so deutlich und offensiv zur Schau zu stellen, wie es beispielsweise der gewöhnliche Haushund tut. Auf ihre Art zeigen Katzen jedoch ganz deutlich, wie sehr sie an ihren Menschen hängen.

Irrtum #6: Eine schnurrende Katze ist immer zufrieden

Auch dieser Irrtum hält sich wacker. Natürlich schnurren Katzen, wenn sie zufrieden sind – aber nicht ausschließlich. Katzen schnurren ebenfalls, wenn sie aufgeregt sind und sich damit wahrscheinlich selbst beruhigen möchten. Außerdem schnurren Katzen, wenn sie Schmerzen haben. Wissenschaftler vermuten sogar, dass das Schnurren die Selbstheilungskräfte der Katzen aktiviert.

Irrtum #7: Katzen macht es nichts aus, allein gelassen zu werden

Katzen kommen sehr gut alleine zurecht, das ist wahr. Aber auch Katzen können sich langweilen. Ein Mensch, der nicht für ausreichend Beschäftigungsmöglichkeiten sorgt, kann sich sicher sein, dass sich seine Katze zu Hause langweilt. Hält diese Langeweile zu lange an, wird sie unaufhaltsam zu Verhaltensstörungen führen. Aus diesem Grund bin ich ein so großer Fan von Zweitkatzen. Allerdings ist diese nicht unbedingt notwendig. Beschäftigst Du Deine Katze ausreichend, wenn Du da bist und hältst Du Dich an die Tipps für die katzengerechte Wohnungseinrichtung (insbesondere das Katzen-Kino), kannst Du der Langeweile auch ohne eine weitere Katze vorbeugen.

Du merkst, dass es viele Vorurteile gegen Katzen gibt und dass einiges an falschem Wissen in der Gesellschaft fest verankert ist. Lasse Dich davon aber nicht verunsichern, sondern zeige mit Deiner Sibirischen Katze, dass alle diese Irrtümer und Vorurteile nicht stimmen.

DIE GRUNDBEDÜRFNISSE DEINES KITTENS

Wie Du bereits weißt, steckt auch in Deinem kleinen Kitten eine richtige Raubkatze. Und diese Raubkatze bestimmt auch heute noch ihre Grundbedürfnisse. Im Prinzip sind diese schnell erklärt und leicht für jeden zu merken, denn sie lauten wie folgt:

Jagen – Fangen – Töten – Fressen – Ruhen

Jede Katze – und ich meine wirklich JEDE – braucht genau diese Komponenten, um ein glückliches Katzenleben zu führen. Erinnere Dich daran, dass Dein kleines Kitten erst seit ca. 150 Jahren daran gewöhnt ist, mit uns Menschen in einer Wohnung zu leben. Bis dahin galten Katzen fast überall als Nutztiere, deren Aufgabe es war, Mäuse und anderes Ungeziefer aus Vorratsräumen fern zu halten (sprich: Jagen – Fangen – Töten – Fressen – Ruhen).

Häufig werde ich gefragt, ob es wirklich notwendig ist, mit seiner Sibirischen Katze jeden Tag zu spielen oder ob man sie auch schon mal für mehrere Tage alleine lassen kann, wenn man ihr genügend Futter hinstellt. Am Anfang habe ich noch probiert, hierauf ausführlich zu antworten. Doch dieses Unterfangen habe ich mittlerweile aufgegeben. Wer wirklich mit diesen Gedanken spielt, sollte sich meines Erachtens keine Katze als Haustier aussuchen und ist auch bei mir an der falschen Adresse.

Eine freilebende durchschnittliche Sibirische Katze verbringt mindestens 15% des Tages damit, zu jagen. Im Schnitt unternimmt sie dabei 20 bis 30 Jagdversuche und ist bei einem Drittel davon erfolgreich. 8 Mäuse benötigt sie pro Tag, um ihren Kalorienbedarf zu decken. Und jetzt denke an Dein Kitten: Kannst Du Dir glaubhaft vorstellen, dass es ihm ausreicht, nur sein Futter zu bekommen und auf den Spaß der Jagd zu verzichten? Auf den Reiz, etwas zu fangen (und damit zu spielen)?

Katzen sind Jäger. Sie lieben die Jagd und nur ein Tag mit Jagen – Fangen – Töten – Fressen – Ruhen ist für sie ein wirklich erfüllter Tag. Denke immer daran und ermögliche Deiner Katze (und ihrer inneren Raubkatze), diesem Trieb auch nachzukommen. Am besten legst Du vor jeder Fütterung eine Spieleinheit ein, doch dazu kommen wir später noch.

Leider höre ich auch immer wieder, dass es angeblich Katzen geben soll, die nicht spielen wollen. Hier kann ich direkt frei heraus sagen: Jede Katze will spielen. Der Grund für die Falschannahme der Halter ist oft schnell gefunden. Entweder haben sie noch nicht herausgefunden, wie ihre Katze gerne spielt oder sie gehen fälschlicherweise davon aus, dass spielen bedeutet, dass die Katze eine Stunde lang ununterbrochen durch die Wohnung läuft.

Für Deine Katze ist aber nicht nur die aktive Jagd (sprich das auf die Beute Stürzen) Teil des Jagdspiels. Sie genießt das Anpirschen und Beobachten ebenfalls sehr ausgiebig. Bei manchen Katzen ist dieser Teil sogar wichtiger als das spätere Zuschlagen. Finde durch Versuche heraus, welche Art von Spiel Deiner Katze am besten gefällt.

Falls Du Dich jetzt fragen solltest, womit Deine Katze den Rest ihres Tages verbringt, kann ich Dir eine Antwort geben. Mindestens die Hälfte des Tages ist sie sich am Putzen und weitere 20 % wird sie aus dem Fenster schauen (wie Du diese Aktivität zu einem absoluten Tageshighlight machst, erfährst Du später noch).

Besonderheiten bei Deiner Sibirischen Katze

Die Rasse der Sibirischen Katze sehr verspielt, daher wirst Du sehr wahrscheinlich kein Problem dabei haben, herauszufinden, welche Spiele Dein Kitten liebt.

Gleichfalls ist aber auch Deine Verantwortung deutlich größer. Bei dieser Rasse wurde seit Zuchtbeginn Wert darauf gelegt, den Spiel- und Klettertrieb zu fördern. Du musst Dir daher bewusst sein, dass es für Deine Sibirische Katze unglaublich wichtig ist, dass dieser Trieb von Dir gefördert wird. Eine einzige Spielrunde am Tag wird bei dieser Rasse definitiv nicht für ein glückliches Leben ausreichen. Du solltest daher von Anfang an bereit sein, mehrere Spielrunden am Tag in Deinen Alltag zu integrieren.

Das Ergebnis wird nicht nur eine zufriedene Katze sein, sondern auch eine besonders intensive Bindung zwischen euch zwei. Du wirst es spüren – und lieben!

- Kapitel 3 -

BEVOR DAS KATZENJUNGE KOMMT

Die Vorbereitungen der Katzenerziehung beginnen schon, bevor Deine kleine Sibirische Katze überhaupt bei Dir einzieht. Ein Teil besteht darin, dass Du diesen Ratgeber gründlich durcharbeitest und ihn am besten mehr als einmal liest. Du kannst auch gerne Eselsohren in die Seiten machen und Dir besonders wichtige Stellen markieren. Dieses Buch ist dazu da, um damit zu arbeiten und nicht, um ungenutzt im Schrank zu stehen.

Anschließend geht es darum, ein paar Entscheidungen und Vorbereitungen zu treffen und damit Grundlagen für eure zukünftige Beziehung zu legen. Du wirst feststellen, dass sich durch den Einzug Deines neuen Mitbewohners einiges in Deinem Zuhause ändern wird.

Damit Du genau weißt, was Du alles im Vorhinein beachten musst, besprechen wir auf den nächsten Seiten die folgenden Themen:

- **Die Beziehungsperson:** Wer ist dafür geeignet, sich hauptverantwortlich um das Kitten zu kümmern?

- **Die Privilegien:** Entscheide vorab, was Du Deiner Katze erlauben möchtest und was ein absolutes Tabu ist.
- **Der Zeitfaktor:** Unterschätze nicht, wie viel Zeit ein Kitten aber auch eine ausgewachsene Katze in Anspruch nehmen.
- **Die Wohnung:** Verwandle Deine Wohnung schon vor dem Einzug in ein katzengerechtes Umfeld.

Mit der Beachtung dieser fünf Punkte bist Du perfekt auf den Neuankömmling vorbereitet! In einem späteren Kapitel dieses Buches („Checklisten für den Start“) erhältst Du durch ausführliche Checklisten ebenfalls einen Überblick darüber, was Du vorab beachten solltest und was Du alles benötigst.

DIE BEZIEHUNGSPERSON

Die erste Entscheidung, die getroffen werden muss, ist, wer die Beziehungsperson des Kleinen darstellt. Diese Aufgabe ist überaus verantwortungsvoll, zeitintensiv und herausfordernd. Aus diesem Grund sollte sie nicht von einem Kind übernommen werden. Selbst, wenn es noch so gut gemeint ist, für Deine Sibirische Katze wird es nicht das Beste sein. Kitten nehmen Kinder als Kumpanen und Spielkameraden wahr, aber nicht als Vorbild, an dem sie sich orientieren können.

Aufgabe der Beziehungsperson ist es nicht nur, den Großteil der Erziehung zu übernehmen. Die Haupteigenschaften in dieser Rolle sind Souveränität und Autorität. Die Beziehungsperson eines Kittens ist dafür verantwortlich, Gefahren frühzeitig zu erkennen und in jeder Situation auf die Einhaltung der Regeln zu achten und gleichzeitig Sicherheit auszustrahlen. Außerdem übernimmt sie die Fütterung und achtet auf das allgemeine Wohlergehen.

Falls Kinder in Deinem Haushalt leben, kannst und solltest Du sie auch unbedingt in die Erziehung des Kittens miteinbeziehen. Ich finde es großartig, wenn Kinder schon frühzeitig lernen, Verantwortung zu übernehmen und bei der Tiererziehung und -haltung mithelfen. Bitte achte aber darauf, dass die Aufgaben Dein Kind nicht überfordern und dass es mit Spaß bei der Sache ist. Die Erfahrungen, die es jetzt sammelt, wird es für sein ganzes Leben prägen. Du kannst mit einer behutsamen Vorgehensweise daher nicht nur Deine Katze glücklich machen, sondern gleich auch noch einen zukünftigen Katzenfan erschaffen.

Als Beziehungsperson ist es außerdem wichtig, dass Du ständig Dein Verhalten gegenüber Deiner Sibirischen Katze in Frage stellst. Wie bei allem anderen schleichen sich Nachlässigkeiten meist langsam ein. Und auch die eigene Hinterfragung, ob Du Deine Sibirische Katze gerade als Deinen Besitz oder als eine Beziehungsperson behandelst, sollte niemals enden.

Besonderheiten bei Deiner Sibirischen Katze

Für die Erziehung einer jeden Katze ist es wichtig, eine Beziehungsperson zu bestimmen. Im Gegensatz zu anderen Rassen musst Du bei Deiner Sibirischen Katze jedoch nicht befürchten, dass sie sich dadurch so stark auf Dich fixiert, dass sie die anderen Mitglieder Deines Haushalts links liegen lässt. Durch ihre gesellige und freundliche Art nimmt sie auch alle anderen Haushaltsmitglieder (auch andere Tiere) bei guter Sozialisierung in ihren inneren Zirkel auf.

DIE PRIVILEGIEN

Ist die Beziehungsperson bestimmt, ist der nächste Schritt die Festlegung der Privilegien. Du solltest schon vorher festlegen, wie Du die Beziehung mit Deiner Sibirischen Katze gestalten möchtest. Dazu gehört auch, was Du ihr erlauben möchtest und was nicht.

Ich rate Dir daher, diese Entscheidung jetzt schon zu treffen, weil Du jetzt noch nicht von den großen süßen Katzenaugen angeschmachtet wirst. Überlege Dir genau, was Du willst. Ich zum Beispiel bin kein Fan davon, dass Katzen bei mir im Bett schlafen. Außerdem will ich sie weder auf der Küchenanrichte noch auf dem Esstisch haben. Das Vorratszimmer ist bei uns ebenso tabu, wie das Nähzimmer. Ansonsten können sich meine Samtpfoten überall frei bewegen.

Das waren jetzt meine Beispiele, bei Dir kann es vollkommen anders aussehen. Es spricht beispielsweise auch nichts gegen Katzen im Bett, es ist einfach nur nicht mein Ding – insbesondere nachdem ich schon einmal die Erfahrung gemacht habe, mich nachts aus Versehen auf meinen kleinen Liebling gedreht zu haben und danach zerkratzt und gebissen aufgewacht bin. Die anderen Orte lehne ich größtenteils aus hygienischen Gründen ab.

Wichtig ist bei der Katzenerziehung immer, dass wenn wir etwas verbieten, wir gleichzeitig eine Alternative präsentieren. Hierauf komme ich im Unterkapitel „So lobst und schimpfst Du richtig" aber auch noch einmal zu sprechen. Das ist ganz besonders wichtig, wenn wir nicht wollen, dass unsere Katzen einen bestimmten Teilbereich eines Raumes nicht nutzen, wie beispielsweise die Küchenanrichte. Für meine Katze macht es an sich keinen Sinn, dass ich sie dort nicht haben möchte, gerade weil dort immer spannende und auch noch gut riechende Dinge passieren, die sie natürlich erkunden und beobachten möchte.

Schließt Du Deine Sibirische Katze aus diesem Bereich alternativlos aus, wird sie das nicht einfach hinnehmen. Daher ist es immer gut, eine Alternative anzubieten. In meinem Fall handelt es sich um einen Kratzbaum, den ich so neben der Anrichte platziert habe, dass sie alles sehen und beobachten kann, was auf der Küchenzeile passiert, womit meine kleine Samtpfote als Kompromiss zufrieden ist.

Überlege Dir daher immer, wenn Du etwas verbieten möchtest, was Du stattdessen als Alternative anbieten kannst.

Besonderheiten bei Deiner Sibirischen Katze

Deine Sibirische Katze wird mit ihren 120 cm Länge und bis zu 8 kg Körpergewicht eine große Katze. Außerdem besitzt sie ein halblanges, dichtes Fell. Du solltest nicht unterschätzen, wie viel Platz Dein kleiner Liebling beispielsweise in Deinem Bett für sich beanspruchen kann. Und auch der Haarverlust kann gerade zum Fellwechsel wegen der Länge sehr lästig sein.

Ich rate Dir daher, Dir wirklich gut zu überlegen, welche Privilegien Du Deinem Kitten gewähren möchtest. Behalte dabei immer im Hinterkopf, dass es nicht so klein bleiben wird, wie es aktuell ist, sondern dass es zu einer verhältnismäßig großen und schweren Hauskatze heranwachsen wird.

Momentan ist es mit dem Kitten im Bett vielleicht noch süß, aber irgendwann wird das kleine Kitten recht viel Platz beanspruchen. Es ist immer leichter, einem Kitten von vorneherein beizubringen, dass es ein bestimmtes Zimmer nicht betreten darf, als dies später einer erwachsenen Katze beizubringen, die den Raum bisher als ihr rechtmäßiges Territorium angesehen hat. Die ausgewachsene Katze aus Deinem Bett zu verbannen, wird noch um ein Vielfaches schwieriger werden.

DER ZEITFAKTOR

Als dritten Punkt musst Du entscheiden, wie viel Zeit Du bereit bist, in Deinen neuen Lebenspartner zu investieren. Die meisten Katzenhalter unterschätzen den Zeitaufwand, den eine erfolgreiche Katzenerziehung erfordert und stellen damit schon früh die Weichen für spätere Verhaltensauffälligkeiten ihrer Sibirischen Katze.

Damit Dir das nicht passiert, solltest Du Dir im Klaren sein, dass eine gute Katzenerziehung Zeit erfordert und zwar viel Zeit. Deine kleine Sibirische Katze wird die ersten Wochen und Monate nicht lange allein sein können. Außerdem muss anfangs jemand konsequent auf das achten, was sie macht, damit sich keine schlechten Verhaltensmuster einschleichen.

Die ersten Wochen sind mit die wichtigsten für euer späteres Zusammenleben. Daher solltest Du Dir in dieser Phase so viel Zeit für Deine kleine Samtpfote freischaufeln wie möglich. Solltest Du berufstätig sein, dann nimm Dir ein paar Wochen Urlaub. Der allseits bekannte Spruch „Was Hänschen nicht lernt, lernt Hans nimmer mehr" gilt ebenfalls für die Katzenerziehung. All das, was Du in den ersten Wochen und Monaten versäumst, Deiner Katze beizubringen, wird später umso schwieriger.

Selbstverständlich wird der Zeitaufwand etwas nachlassen, wenn die Grunderziehung abgeschlossen ist, Deine Sibirische Katze ausgewachsen ist und ihr euren täglichen Rhythmus gefunden habt. Dir muss allerdings klar sein, dass er niemals auf null sinken wird. Eine Katze ist kein Einzelgänger, sondern wird immer nach Deiner Aufmerksamkeit und Zeit verlangen – egal wie alt sie ist. Du wirst Dich auch nach der Erziehungsphase jeden Tag aktiv mit ihr beschäftigen müssen. So wie für Hundehalter das mehrfache Gassi gehen am Tag selbstverständlich ist, sollte es für Dich selbstverständlich sein, das Katzenklo zu reinigen und täglich mehrere Spieleinheiten durchzuführen.

Ich kann nur immer wieder betonen, dass die meisten Katzen mit Verhaltensstörungen einfach zu wenig Zeit und zu wenig oder die falsche Aufmerksamkeit von ihren Haltern erhalten und daher plötzlich nicht mehr richtig „funktionieren". Da Deine Sibirische Katze für Dich aber kein Besitz ist, der zu funktionieren hat, sondern eine Beziehungsperson, mit der Du gerne Zeit verbringst, sollte das für Dich kein Problem darstellen.

Besonderheiten bei Deiner Sibirischen Katze

Mit Deiner Sibirischen Katze hast Du das große Glück, dass sie durch ihren offenen und freundlichen Charakter deutlich empfänglicher für Deine Erziehung ist, als andere Rassen – daher kann vor allem die Eingewöhnungsphase schneller gehen.

Leider erlebe ich genau aus diesem Grund aber auch häufig, dass Halter viel zu große Ansprüche an ihre Katze stellen und schnell unzufrieden und frustriert werden. Behalte daher immer im Hinterkopf, dass es sich bei Deiner Sibirischen Katze um ein Tier handelt, das erst seit 150 Jahren domestiziert wird. Außerdem ist jedes Individuum dieser Rasse anders und sollte nicht über einen Kamm geschert werden. Es kann durchaus sein, dass das eine Sibirische Kitten schneller lernt oder sich schneller anpasst, als das andere. Und dafür sollten wir als Mensch und Halter Verständnis aufbringen.

Daher empfehle ich Dir, auch bei Deinem Sibirischen Kitten wenn möglich ein paar Wochen zu Beginn frei zu nehmen.

DIE WOHNUNG

Kommen wir jetzt zum großen Thema der Wohnungsvorbereitung. Ich bin immer wieder überrascht, wie viele Katzenhalter ihre Wohnung nicht im Mindesten an die Bedürfnisse ihres tierischen Mitbewohners anpassen. Entweder sind sie nicht willig es zu tun oder – was viel häufiger vorkommt – sie verfügen einfach nicht über das richtige Wissen und handeln aus Unwissenheit heraus.

Damit Dir das nicht passiert, gehen wir auf den nächsten Seiten alles durch, was für eine katzengerechte Wohnung wichtig ist. Dazu gehören im Groben folgende vier Punkte:

- Das Katzenklo
- Der Kratzbaum
- Die Katzenautobahn
- Das Katzenkino

Starten wir mit dem **Katzenklo**, denn es ist das Thema, vor dem es den meisten Katzenhaltern graut. Wer möchte schon gerne ein Katzenklo mitten im Wohnzimmer stehen haben und seiner Mieze dabei zuschauen, wie sie ihr Geschäft erledigt?

Ganz ehrlich: Ich war ich selbst auch kein großer Fan davon. Durch meine langjährige intensive Beobachtung habe ich jedoch feststellen müssen, dass es tatsächlich keine

Alternative dazu gibt. Natürlich höre auch ich immer wieder mal von Katzen, denen antrainiert wurde, die Toilette zu benutzen. Es mag vielleicht tatsächlich ein paar Individuen geben, für die das in Ordnung ist, doch die meisten Katzen werden damit nicht glücklich. Erinnere Dich daran, was Du über die innere Raubkatze Deiner Sibirischen Katze gelernt hast und wie wichtig es für sie ist, ihr Territorium mit ihren Gerüchen zu markieren – und das Katzenklo trägt dazu einen großen Teil bei.

Jetzt, wo wir wissen, dass das Katzenklo unumgänglich ist, stellt sich die Frage, wie viele Katzenklos benötigt werden. Meine allgemeine Antwort darauf lautet: Immer mindestens 1 mehr, als Katzen im Haushalt leben. Bei einer Katze benötigst Du daher mindestens 2 Katzenklos, bei 2 Katzen 3 und so weiter.

Wieso reicht ein Katzenklo nicht aus? Die meisten Katzen bevorzugen es, unterschiedliche Katzenklos für ihr großes und kleines Geschäft zu benutzen. Damit Deine Katze sich nicht selbstständig eine Alternative sucht (z.B. den Blumenkübel oder den Kleiderschrank) rate ich jedem, seiner Katze mindestens diese beiden Alternativen anzubieten. Da Katzen durchaus bereit sind, ihre Katzenklos zu teilen, benötigst Du bei jeder weiteren Katze nicht direkt zwei neue Katzenklos, sondern eins reicht tatsächlich aus. Zu viele Katzenklos zu haben, ist allerdings nie schädlich.

Kommen wir zur nächsten wichtigen Frage, dem richtigen Stellplatz für das Katzenklo. Ganz oft stelle ich bei Problemkatzen, die in die Wohnung pinkeln, fest, dass ihre Katzenklos meist an abgelegenen Stellen wie dem Bad, dem Flur oder gar im Keller oder der Garage platziert sind. Dort stehen sie manchmal sogar schön säuberlich in Reihe aufgestellt.

Frage Dich selbst, nachdem Du die innere Raubkatze und die Bedürfnisse Deiner Sibirischen Katze kennengelernt hast, ob diese Orte ihr gerecht werden. Die Antwort hierauf lautet nein!

Katzen erledigen ihr Geschäft dort, wo die meiste Energie im Haushalt herrscht. Das sind in der Regel die Räume, in denen Du Dich am häufigsten aufhältst. So unschön es auch sein mag, so wichtig ist es, dass Du genau dort die Katzenklos aufstellst. In meinem Fall sind das das Wohnzimmer, die Küche und das Schlafzimmer. An diesem Punkt ist es wirklich wichtig, dass Du Deine eigenen ästhetischen Ansprüche hintenanstellst und darauf eingehst, was für Deine Sibirische Katze am wichtigsten ist.

Stelle das Katzenklo in diesen Räumen auch bitte nicht in eine versteckte Ecke oder verstelle es gar noch mit Blumen, damit Du es auf keinen Fall sehen musst. Katzen bevorzugen es, bei ihrem Geschäft alles im Blick zu behalten. Daher empfehle ich Dir, nur offene Katzenklos zu verwenden. Hat

Deines einen Deckel, so entferne diesen. Gegen Ecken spricht zudem, dass Katzen es nicht mögen, in die Enge getrieben zu werden. Sie scannen immer, wo sich ein eventueller Fluchtweg befinden könnte. In einer Ecke könnte sich Deine Katze daher eingeengt und unwohl fühlen, was dazu führen kann, dass sie das Katzenklo meidet. Platziere es daher immer an einer möglichst offenen Stelle, die mehrere Zu- und Abgänge ermöglicht.

Bedenke beim Kauf des Katzenklos immer die Größe Deiner Katze. Bei Deiner Sibirischen Katze handelt es sich um ein großes Exemplar, daher sollte das Katzenklo auch entsprechend groß sein. Deine ausgewachsene Katze muss sich später problemlos darin drehen können. Auch sollte der Einstieg so sein, dass gerade das Kitten problemlos rein und raus kann. Stellt der Einstieg ein noch so kleines Hindernis dar, kann auch das dazu führen, dass das Katzenklo nicht benutzt wird.

Bezüglich des richtigen Katzenstreus gehen die Meinungen weit auseinander. Ich empfehle Dir, zunächst das Streu zu verwenden, an das Deine Katze durch den Züchter oder das Tierheim schon gewöhnt ist. Frage hier genau nach der Marke und kaufe das identische Produkt. Bei diesem kannst Du bleiben oder, wenn es Dir nicht gefällt, mit vorsichtigen Versuchen herausfinden, was Deiner Katze behagt. Hier kann ich nur betonen, dass es ein Versuch-und-Irrtum-

Prozess werden wird. Probiere verschiedene Weichheitsgrade und Größen aus. Aus Erfahrung kann ich Dir nur den Tipp geben, dass die meisten Katzen einen eher weicheren Untergrund bevorzugen.

Wie genau Du Dein Kitten an den Gebrauch des Katzenklos gewöhnst, lernst Du im Kapitel „Stubenreinheit".

Kommen wir jetzt zum **Kratzbaum**. Häufig werde ich gefragt, ob dieser denn überhaupt nötig sei, er würde schließlich ebenfalls das ästhetische Gesamtbild eines jeden Raumes zerstören. Die Antwort darauf ist ganz einfach: Wenn Du nicht willst, dass Deine Katze Deine Möbel und Wände zerkratzt, führt am Kratzbaum kein Weg vorbei. Und in der Tat wird ein Baum nicht ausreichen. In jedem Zimmer, in dem sich Deine Katze vermehrt aufhält, sollte einer stehen.

Wichtig für Dich zu wissen ist, dass Katzen nicht aus Spaß kratzen und erst recht nicht aus Trotz oder um Dich zu ärgern. Katzen kratzen, um ihre Brust- und Rückenmuskulatur zu dehnen. Außerdem bauen sie damit Stress ab und entfernen die oberste Schicht von ihren Krallen. Doch viel wichtiger als diese Punkte, sind zwei andere: Für Deine Katze stellen die Kratzer ein Zeichen ihres Herrschaftsanspruches auf ihr Territorium dar. Die Kratzer vermitteln ihr stets ein Gefühl von Sicherheit und Besitz. Und ähnlich wie Bilder an der Wand, die wir schon mal wieder geraderücken, justieren Katzen ihre Kratzer nach, wenn sie an ihnen vorbeilaufen.

Des Weiteren vermischt Deine Katze mit dem Kratzen ihren eigenen Duft mit dem Deinigen. Aus diesem Grund kratzen Katzen meist nicht die ungeliebte Sofaecke an, die keiner sieht und beachtet, sondern genau Deinen Lieblingsplatz, denn dieser riecht am meisten nach Dir und ist für sie daher am interessantesten.

Bezüglich des Materials und der Größe bieten sich Dir alle Möglichkeiten. Wichtig ist, dass er einen festen Stand hat. Wackelt der Kratzbaum, wenn Deine Katze ihn benutzen möchte oder mit Schwung darauf springt, dann wird sie ihn nicht gerne verwenden. Auch sollte er an die Größe Deines Stubentigers angepasst sein – was im Falle Deiner Sibirischen Katze bedeutet, dass Du Dich für die großen Varianten entscheiden solltest. Es ist wichtig, dass Deine Katze auf den Liegeflächen genügend Platz hat, um sich auszubreiten und auch die Kratzfläche muss groß genug sein.

Bezüglich des genauen Standorts empfehle ich immer die Stellen, die für Deine Sibirische Katze am interessantesten sind. Das kann z.B. direkt neben der Couch sein, am Fenster, der Küchenanrichte oder dem Schreibtisch. Es sollte möglichst in der direkten Nähe von Orten sein, an denen Du

Dich ebenfalls häufig aufhältst und wo dadurch Dein eigner Duft prägnant vertreten ist.

Was Du genau unternehmen kannst, wenn Deine Katze nicht den Kratzbaum, sondern lieber Dein Sofa verwendet, erfährst Du im Kapitel „Zerstörungswut".

Während Kratzbaum und Katzenklo auch für die meisten Nicht-Katzenhalter noch ein Begriff sind, haben die wenigsten jemals etwas von einer **Katzenautobahn** gehört, dabei ist diese für das Wohlergehen Deiner Katze immens wichtig.

Wie Du bereits weißt, nehmen Katzen einen Raum nicht nur in der Horizontalen, sondern eben auch in der Vertikalen wahr und sind gewohnt, ihn auch so zu nutzen. Für unsere Samtpfoten ist es selbstverständlich, sich nicht nur auf dem Boden fortzubewegen, sondern dafür auch Schränke, Tische und Regale zu benutzen. Wenn Du es wie ich nicht magst, wenn Deine Katze regelmäßig in Deine Regale klettert und aus Platzmangel aus Versehen Bücher – oder noch schlimmer Vasen oder Bilder – herunterschmeißt, dann solltest Du ihr dafür eine Alternative anbieten.

Die mit Abstand beste Alternative ist die sogenannte Katzenautobahn. Hierbei erstellst Du – ähnlich wie ein normaler Stadtplaner – ein optimales Konzept, wie Deine

Katze nicht nur den Boden, sondern auch die höheren Lagen optimal zur Bewegung nutzen kann.

Überlege Dir ein regelrechtes Straßenmuster, das Deine Katze benutzen kann und setze dieses dann selbstverständlich auch in die Tat um. Am besten eignen sich für Deine Katzenautobahn Holzbretter, die Du – ähnlich wie Regalbretter – an der Wand befestigst. Achte dabei bitte unbedingt auf die sichere Montage und auch auf die passende Breite. Die Bretter sollten immer so breit sein, dass sich Deine Katze problemlos darauf bewegen kann und bei einem Mehrkatzenhaushalt so breit, dass sich auch mal die Wege kreuzen können, sprich zwei Katzen aneinander vorbeipassen.

Überlege Dir, welche Orte spannend und interessant für Deine Katze sind und von wo aus sie einen guten Ausblick auf den gesamten Raum hat. Richte ihr genau an diesen Orten „Raststätten“ ein. Das kann ein bequemes Körbchen, aber auch eine Hängematte oder ähnliches sein. Deiner Fantasie sind hier keine Grenzen gesetzt.

Vergiss auf keinen Fall, genügend Ein- und Ausfahrten einzuplanen. Deine Sibirische Katze ist – wie bereits erwähnt – immer am Scannen, wo sich Fluchtwege für sie befinden und diese sind daher auch auf der Katzenautobahn überaus wichtig. Kratzbäume sind hervorragende Ein- und

Ausfahrten, aber dieselbe Wirkung kannst Du auch mit einem Stufenmodell oder einer Katzenleiter erreichen.

Wenn Du in Deiner Wohnung in allen wichtigen Räumen eine gut geplante Katzenautobahn in der vertikalen einrichtest, wirst Du die innere Raubkatze Deiner Sibirischen Katze sehr glücklich machen. Du wirst feststellen, dass Deine Katze dadurch deutlich selbstbewusster ist, da sie immer (aus der sicheren Entfernung) am Geschehen teilnehmen kann und immer alles im Blick hat. Außerdem kann sie sich immer frei bewegen, da die Katzenautobahn ihr ganz eigenes Territorium ist, das sonst von keinem genutzt wird. Es bietet für sie den idealen Rückzugsraum und Du wirst merken, dass Deine Regale, Kühlschränke und Tische dadurch deutlich seltener frequentiert werden. Gerade falls Du Kinder hast oder häufig Besuch bekommst, ist die Katzenautobahn Gold wert, da sich Deine Sibirische Katze dadurch immer zurückziehen kann, wenn es von ihr gewünscht ist, sie aber dennoch Teil des Geschehens ist.

Einen abschließenden Tipp zur Katzenautobahn möchte ich Dir nicht vorenthalten: Konzipiere sie so, dass Du, egal wo sich Deine Katze aufhält, immer ohne großen Aufwand an sie herankommst. Es kann immer mal sein, dass Du sie herunterholen musst und dann sollte das ohne großen Aufwand möglich sein.

Ein Beispiel, wie ein katzengerechtes Wohnzimmer aussehen kann, findest Du auf der nächsten Seite. Unten stehend siehst Du ein Wohnzimmer, wie es leider von vielen Katzenhaltern bevorzugt wird und auf der nächsten Seite eines, das definitiv mehr den Bedürfnissen einer Katze entspricht.

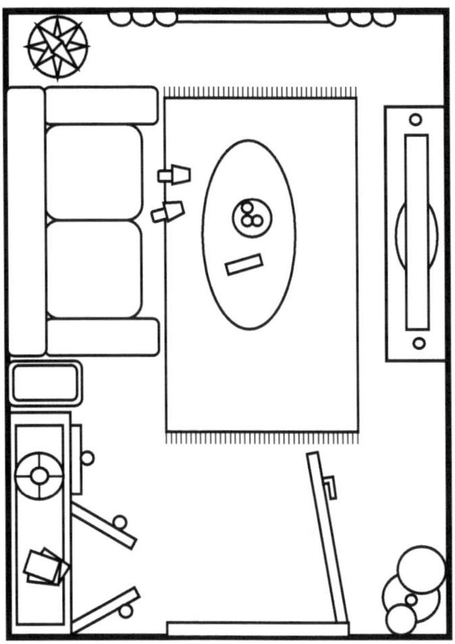

So lieber nicht!

Wichtig zu ergänzen ist, dass die Katzenautobahn natürlich auf verschiedenen Höhen (und wenn Du willst auch aus unterschiedlichen Materialien) angebracht werden kann, was in der Grafik selbst nicht direkt zu erkennen ist.

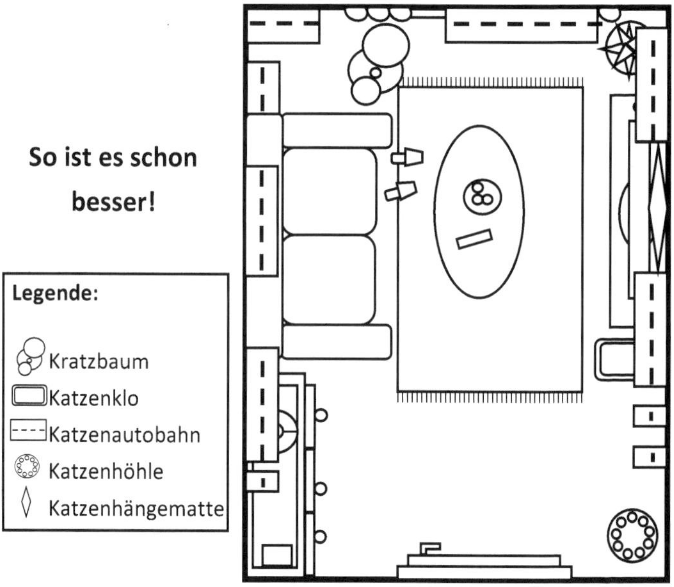

In diesem Beispiel fällt Dir vielleicht auf, dass ich den Kratzbaum weg von hinter der Tür hin zum Fenster platziert habe. Das hat zwei entscheidende Vorteile: Erstens ist Deine Katze so näher bei Dir, wenn Du auf dem Sofa sitzt. Zum anderen hat sie damit einen Platz in der ersten Reihe für das heiß begehrte **Katzenkino**.

Unter Katzenkino verstehe ich natürlich nicht, dass Deine Katze den Tag mit Serien oder Filme schauen verbringt. Viel interessanter für Deinen Vierbeiner ist stattdessen, was sich auf der anderen Seite des Fensters abspielt. Katzen sind Jäger und als Jäger sind sie es gewohnt, ruhig und ausgiebig zu beobachten – und genau das ist auch heute noch eine ihrer Lieblingsbeschäftigungen.

Wenn Du Deiner Katze daher etwas Gutes tun willst, solltest Du ihr vor den Fenstern lauschige Plätze für ihre Beobachtungen einrichten. Die meisten Katzen wählen ihre Fenster dabei nicht zufällig aus, sondern wandern im Laufe des Tages mit der Sonne mit. Meine Katzen sitzen vormittags meist an den Fenstern die nach Osten zeigen, wechseln mittags an die Südfenster und anschließend Richtung Westen.

Willst Du es für Deine Sibirische Katze noch spannender machen, dann rate ich Dir, vor den Fenstern für besonders viel Aktion zu sorgen. Das erreichst Du zum Beispiel durch ein Vogelhäuschen oder eine Vogeltränke direkt am Fenster. Ein Insektenhotel eignet sich ebenfalls hervorragend. Lasse Deine Fantasie spielen und probiere verschiedene Möglichkeiten aus, wie Du Deiner Katze etwas Abwechslung verschaffen kannst. Ein Aquarium ist für Katzen ebenfalls sehr spannend. Ich würde allerdings nicht empfehlen, extra eines als Katzenkino anzuschaffen. Solltest Du bereits ein Aquarium haben, stelle bitte sicher, dass es gut verschlossen ist und von Deiner Katze nicht geöffnet werden kann.

Jetzt, wo wir das Katzenklo, den Kratzbaum, die Katzenautobahn und das Katzenkino besprochen haben, habe ich noch drei abschließende Tipps für Dich:

1. **Lasse Dein kleines Sibirisches Kitten nicht sofort auf die gesamte Wohnung los, das kann das kleine Wesen durchaus überfordern.** Ich empfehle immer, erst einmal ein sogenanntes Basecamp in einem Raum Deiner Wahl einzurichten. Das sollte ein Raum sein, in dem Du Dich während dieser Eingewöhnungszeit auch möglichst viel aufhalten solltest. Zur Einrichtung des Basecamps gehört all das, was Du eben schon erfahren hast, inklusive Spielzeug. Um die Umstellung für Deine Katze so einfach wie möglich zu machen, ist es ratsam, etwas im Raum zu platzieren, was nach der alten Heimat riecht. Falls Du Deine Katze von einem Züchter beziehst, hast Du vielleicht vorab die Möglichkeit, ein Spielzeug oder ein Körbchen vorbeizubringen, das über den Zeitraum von mindestens einer Woche die heimischen Gerüche und die Gerüche der Geschwister und Eltern

aufnehmen kann. So hat Dein kleines Kitten das Gefühl, dass diese neue Umgebung nicht ganz fremd ist. Stammt Dein Kitten aus dem Tierheim oder hast Du keine Zeit, vorab etwas vorbei zu bringen, solltest Du dennoch immer fragen, ob Du etwas, auch wenn es noch so klein ist, mitnehmen kannst.

Sobald Du merkst, dass sich Dein Kitten langsam eingewöhnt, kannst Du es Schritt für Schritt an die nächsten Räume gewöhnen. Du erkennst das daran, dass sie sich selbstbewusst durch den Raum bewegt und dort schon alles abgeschnuppert und erkundigt hat. Sei aber auf keinen Fall ungeduldig. Es kann bei schüchternen Katzen mehrere Tage dauern, bis sie sich in einer neuen Umgebung heimisch fühlen. Zeige ihr auch danach nicht gleich alle weiteren Räume, sondern immer nur einen. Hat sie sich auch an diesen gewöhnt, kommt der nächste dazu. So wird das kleine Katzenuniversum langsam aber sicher größer. Um ihr auch hier den Übergang zu erleichtern, rate ich Dir, bei jedem neuen Raum etwas aus dem alten Raum mitzunehmen und es dort zu platzieren. Als

Beispiel kannst Du den Kratzbaum aus dem Basecamp mit in den neuen Raum nehmen und dafür den Kratzbaum aus dem neuen Raum ins Basecamp stellen.

2. **Katzen können wie Kleinkinder sein, deshalb solltest Du Deine Wohnung „kindersicher“ machen, bevor das Kitten einzieht.** Was meine ich damit? Räume alles außer Reichweite, was zerbrechlich ist oder woran Du ganz besonders hängst. Mit „außer Reichweite“ meine ich in dem Fall, dass Du es wegschließen oder in einen für Deine Katze nicht zugänglichen Raum bringen solltest, denn denke immer daran, dass Katzen Räume – anders als Kinder – auch vertikal nutzen. Auch solltest Du überprüfen, ob es irgendwo freiliegende Kabel gibt, die für Dein Kitten gefährlich werden könnten. Sollte Deine Katze sehr talentiert im Öffnen von Schränken sein, empfehle ich Dir, auch hier über spezielle Kindersicherungen nachzudenken. Teure Teppiche oder Möbelstücke würde ich insbesondere für die Anfangsphase aus Deinen Räumen verbannen. Wenn Deine Katze eingewöhnt und stubenrein ist und Du glaubst, dass es jetzt wieder „sicher“ ist,

kannst Du nach und nach anfangen, die weggeräumten Möbelstücke wieder herauszuholen. Überprüfe darüber hinaus, welche Pflanzen von Dir giftig für Deine Sibirische Katze sein können und verbanne diese dauerhaft aus Deiner Wohnung.

3. **Hinterfrage Dein einmal erstelltes Raumkonzept immer wieder**. Gerade weil dies wahrscheinlich Deine erste Katze ist, rate ich Dir, genau anzuschauen, wie Deine Katze Dein Raumkonzept annimmt. Scheint es ihr zu gefallen oder gibt es Ecken, die sie kaum nutzt? Wenn ja, woran kann es liegen? Beobachte genau und biete Alternativen an, wenn etwas nicht so angenommen wird, wie Du es ursprünglich erwartet hast. Natürlich macht es auch Spaß und Sinn, immer mal wieder etwas Abwechslung zu bieten. Das heißt natürlich nicht, dass Du einmal die Woche Deine Wohnung umräumen sollst. Aber hier und da mal einen Kratzbaum zu ändern, eine Hängematte hinzufügen oder austauschen, schadet bestimmt nicht. Auch für das Katzenkino kannst Du Di ab und an etwas Neues überlegen.

Besonderheiten Deiner Sibirischen Katze

Bei allem, was die Wohnung angeht, spielt wieder die Größe und das Gewicht Deiner ausgewachsenen Sibirischen Katze eine wichtige Rolle. Du musst hier einfach immer eine Nummer größer denken, als viele anderen Katzenhalter.

Lasse Dich daher in einem Tierfachgeschäft ausführlich beraten, welche Katzenklogröße ratsam ist oder welches Katzenbett am besten zu einer Sibirischen Katze passt. Erwirbst Du Dein Kitten über einen Züchter, kann Dir meist auch dieser schon vorab einige wertvolle Tipps bezüglich der richtigen Größe geben.

Sibirische Katzen können meiner Meinung nach als reine Wohnungskatzen gehalten werden, da sie, wenn sie die Wahl haben, Deine Gesellschaft immer gegenüber einem Abenteuer im Garten bevorzugen werden. Da es sich aber um intelligente und verspielte Tiere handelt, empfehle ich Dir, Dir intensive Gedanken bezüglich des Katzenkinos zu machen. Ein gut inszeniertes Katzenkino ist für Deine Sibirische Katze ein wertiger Gartenersatz. Sie wird es lieben, das Geschehen draußen zu beobachten.

Außerdem solltest Du Deiner Sibirischen Katze eine ausgeklügelte Katzenautobahn bieten. Unterschiedliche Materialien, sowie Untergründe spielen ebenfalls eine

Rolle. Nehme beispielsweise nicht nur einfache Holzbretter, sondern biete ihr zur Abwechslung auch mal eine spannende Hängebrücke an. Deiner Fantasie sind hier keine Grenzen gesetzt.

Sehr wahrscheinlich wirst Du auch eine größere Anzahl an Spielzeug benötigen und dieses öfters austauschen müssen, als Halter von weniger verspielten Rassen. Deine Sibirische Katze benötigt hier mehr Abwechslung und Alternativen, was ebenso für die Kratzbäume gilt.

Solltest Du in einer sehr kleinen Wohnung leben und das vielleicht auch nicht allein, könnte der Platzmangel durch Deine Sibirische Katze noch deutlich verschlimmert werden. Gerade in kleinen Wohnungen wird häufig die Höhe schon als Ablageflächen ausgenutzt, was es schwieriger macht, eine Katzenautobahn zu integrieren oder auch genügend Platz für Kratzbäume und Co. zu schaffen. Überlege Dir daher vorab genau, ob Deine Wohnung genügend Raum für Dich und Deine Sibirische Katze (und alle für sie notwendigen Gegenstände) bietet. Es wäre schade, wenn dadurch später unnötige Probleme entstehen, die häufig dazu führen, dass die Katzen im Tierheim landen.

- Kapitel 4 -

DIE ERSTEN WOCHEN

Endlich ist es soweit: Deine Sibirische Katze zieht bei Dir ein. Sie sollte bei ihrem Umzug mindestens 10 Wochen alt sein, am besten sogar 12. Sollte Dir ein Züchter jüngere Kitten anbieten, solltest Du sofort Abstand von ihm nehmen, denn dann handelt es sich sehr wahrscheinlich um keinen seriösen Züchter.

Für Deine Sibirische Katze sind die ersten Wochen bei ihrer Mutter und den Geschwisterkindern sehr wertvoll. Sie lernt dabei nicht nur etliches für ihr späteres Sozialverhalten, sondern beginnt bereits das Verhalten der Mutter zu imitieren. Je länger das Kitten daher bei seiner Mutter bleibt, desto besser ist es für seine Zukunft aufgestellt.

Doch irgendwann ist der Zeitpunkt gekommen, an dem das Kitten seine bekannte Welt verlassen muss und bei Dir einzieht. Damit diese Phase nicht in einem Trauma endet, erfährst Du auf den nächsten Seiten:

- Wie Du Dein Kitten optimal eingewöhnst,
- wie Du schon früh eine Beziehung zu ihm aufbaust,
- wie Du es richtig lobst und schimpfst,

- wie Du das Alleine sein trainierst und
- wie Du die Körpersprache Deines Kittens verstehst.

SO GEWÖHNST DU ES EIN

Bevor Deine Sibirische Katze bei Dir einzieht, muss sie erst einmal den Weg vom Züchter oder dem Tierheim zu Dir nach Hause hinter sich bringen. Und schon dieser Weg stellt für Dein unerfahrenes Katzenjunges ein großes Abenteuer dar. Daher solltest Du probieren, schon die Fahrt so angenehm wie möglich zu gestalten, schließlich wollen wir, dass eure Beziehung positiv beginnt und nicht gleich mit dem ersten Trauma startet.

Wenn Dein Kitten die Transportbox schon kennt und akzeptiert, kannst Du diese verwenden. Kennt es die Transportbox aber noch nicht, ist es meiner Erfahrung nach keine gute Idee, damit bei der Umsiedlung in ihr neues unbekanntes zu Hause zu beginnen. In diesem Fall rate ich immer dazu, das Kitten auf den Arm zu nehmen und in Deinen Armen zu transportieren. Solltest Du mit dem Auto unterwegs sein, ist es natürlich sinnvoll, noch eine zweite begleitende Person mitzunehmen, die das Fahren übernimmt, so dass Du genügend Zeit und Aufmerksamkeit hast, um Dich in Ruhe um das Kitten zu kümmern.

Wenn Du zu Hause ankommst, ist es wichtig, dass sich dort alles ruhig abspielt. Bringe die Transportbox (oder das Kitten) direkt in Dein vorbereitetes Basecamp und stelle sie in einer Ecke ab. Platziere die vom Züchter oder Tierheim mitgebrachte Decke oder das Spielzeug ganz in der Nähe, damit das Kleine schnell einen bekannten Geruch in der fremden Welt vorfindet. Zu dieser Zeit sollte sich keine weitere Person und erst recht kein anderes Haustier in dem Raum aufhalten. Schließe die Tür, öffne die Transportbox und setze Dich in einiger Entfernung auf den Boden. Danach heißt es warten – denn bei der Eingewöhnung bestimmt die Katze das Tempo und nicht Du.

Manche Katzen stürmen jetzt aus der Box und nehmen mutig alles in Augenschein und spielen sogar schon mit Dir. Doch das ist nicht selbstverständlich. Besonders ängstliche Exemplare verweilen häufig so lange in ihrer Box, bis Du den Raum verlässt – manche warten dafür sogar noch bis zur Nacht.

Das ist zwar nicht das Verhalten, das sich die meisten neuen Katzenhalter wünschen, aber es ist normal. Stelle Dich daher mental besser darauf ein, dass Dein Kitten etwas zögerlicher ist, dann wirst Du nicht enttäuscht.

Ein absolutes No-Go ist es, das Kitten aus der Transportbox herauszuholen. Dein Kitten muss die Entscheidung, die neue Umgebung zu erkunden, aus freien Stücken treffen. Holst Du es gegen seinen Willen heraus, assoziierst Du nicht nur Dich, sondern auch das Basecamp direkt mit einer negativen Erfahrung. Gedulde Dich daher und überlasse es Deinem Kitten, zu entscheiden, wann es bereit ist.

Für den ersten Tag – und meiner Empfehlung nach für die gesamte erste Woche – solltest Du auf Besuch verzichten. Ich weiß natürlich, wie stolz Du auf Deinen Familienzuwachs bist und dass Du die kleine Samtpfote am liebsten gleich jedem präsentieren möchtest. Aber bitte erinnere Dich daran, dass für Deine Sibirische Katze gerade alles neu ist und dass sie auf einen Schlag all ihre bisherigen Bezugspersonen (und -tiere) verloren hat. Überanstrenge sie deshalb nicht und verwirre sie nicht, indem Du ihr zu viele neue Gesichter zeigst. Gerade in den ersten Tagen ist es wichtig, dass sich eine Bindung zwischen Dir und ihr aufbaut. Mit je mehr Personen sie in Kontakt kommt, desto schwieriger wird es, die Bindung zwischen euch beiden aufzubauen und zu stärken.

Verbringe in den ersten Tagen viel Zeit im Basecamp. Setze Dich auf den Boden (dann wirkst Du nicht so groß und bedrohlich) und warte ab, wie Dein Kitten auf Dich reagiert. Ist es neugierig und kommt direkt auf Dich zugelaufen? Oder ist es etwas zögerlicher und beobachtet Dich lieber aus der Ferne?

Bei ersterem kannst Du sofort beginnen, ein paar kleinere Jagdspiele z.B. mit einer Spielangel zu starten. Diese hat den Vorteil, dass sie die Distanz zu Dir wahrt – Dein Kitten muss also nicht zu nah an Dich heran, um zu spielen. Beim Spielen erwacht zudem die innere Raubkatze und Dein Kitten beginnt, sich ausschließlich auf die Jagd zu konzentrieren.

Dabei vergisst es seine Angst vor Dir und der neuen Umgebung und verknüpft beides gleich mit etwas Positivem. Ist Deine Katze dazu bereit, kannst Du so schon von Beginn an mehrmals täglich kurze Spielpausen einplanen.

Ist Dein Katzenjunges allerdings etwas zögerlicher, hilft es manchmal, ihm etwas vorzulesen. Dabei ist es vollkommen egal was (sei es ein spannender Roman oder die Lokalzeitung). Hierbei geht es darum, dass sich Deine Sibirische Katze an Deine Stimme gewöhnt und lernt, dass Du keine Gefahr für sie darstellst. Außerdem fühlt sie sich von Dir dabei nicht bedrängt und beobachtet (schließlich konzentrierst Du Dich auf Dein Buch oder Deine Zeitung), sondern kann ganz im Gegenteil Dich ungehindert beobachten. Mit etwas Geduld werden auch die zögerlichen Katzen irgendwann von der Neugier gepackt und auf Dich zukommen.

Die ersten Tage wird Dein Kätzchen viel Zeit damit verbringen, seine neue Umgebung genau in Augenschein zu nehmen. Sie wird sich dabei jede einzelne Ecke im Detail anschauen, auf alles klettern, was sie erreichen kann und sich natürlich in jede noch so kleine Ritze zwängen. Du wirst überrascht sein, wo sie überall reinpasst und an was sie alles schon herankommt.

Ich empfehle immer, alle für Dich schlecht zugänglichen Orte (wie unter dem Bett oder dem Sofa) direkt abzuriegeln und das dauerhaft beizubehalten. Lasse es für Deine

Sibirische Katze gar nicht erst normal werden, unter das Sofa zu kriechen, dann musst Du es ihr später auch nicht abgewöhnen. Und spätestens, wenn Du das erste Mal versuchen musst, sie unter dem Sofa oder dem Bett hervorzuholen, wirst Du Dich an meinen Tipp erinnern. Denn diese Versuche enden selten ohne zerkratzte Arme.

Nicht jede Eingewöhnung läuft immer genau nach Plan ab, daher will ich Dir an dieser Stelle noch ein paar Tipps geben, wie Du mit den drei häufigsten Problemen zurechtkommst:

1. **Meine Katze versteckt sich nur:**
   Das kann durchaus vorkommen. Mache es Deinem Kitten daher so leicht wie möglich. Viele zögerliche Katzen haben Angst davor, offene Räume zu durchqueren, da sie dann schutzlos sind. Biete Deinem Kitten daher Unterschlüpfe, unter denen es sich verstecken kann. Dafür kannst Du aufgeschnittene Kartons verwenden oder auch Decken über Stühle legen. Damit kannst Du Deinem Kitten ein paar „sichere" Wege durch sein Basecamp ermöglichen. Stelle bei zögerlichen Katzen außerdem sicher, dass sie ihr Futter, Wasser und natürlich die Katzentoilette immer „gefahrlos" erreichen können und dass sich diese niemals in einer Sackgasse ohne Fluchtwege befinden.

Dränge Dich Deinem Kitten nicht auf, sondern wahre immer eine gewisse Distanz. Deine Sibirische Katze muss den ersten Schritt in Deine Richtung von selbst wagen. Nach ein paar Tagen kannst Du außerdem probieren, ihre Neugier durch Leckerlis anzufachen. Werfe dafür vorsichtig ein Leckerchen in Richtung Deiner Katze und warte ab. Vom Zeitpunkt her sollte es kurz vor der nächsten Fütterung liegen, damit Deine kleine Samtpfote auch einen leichten Hunger verspürt. Wenn sie dieses Leckerchen annimmt, kannst Du das nächste in ihre Richtung werfen, aber so, dass sie einen kleinen Schritt auf Dich zu gehen muss. Diese Übung kannst Du mehrfach wiederholen und Deine Katze somit immer näher an Dich heranführen. Begehe aber bitte nicht den Fehler, plötzlich nach ihr zu greifen. Lege stattdessen das letzte Leckerchen auffordernd in Deine offene Handfläche und halte ihr diese ruhig entgegen. Wenn die Zeit reif ist, wird sie es annehmen und Dir im wahrsten Sinne des Wortes „aus der Hand fressen".

2. **Meine Katze lässt sich nicht von mir anfassen:**

Auch das kann eine normale Reaktion auf den Umzug sein. Wie bereits erwähnt, ist es unbedingt notwendig, dass der erste Körperkontakt im neuen Umfeld von Deinem Kitten ausgeht. Vielleicht reibt sie sich an Deinen Beinen oder springt auf Deinen Schoß, wenn Du Dich auf den Boden setzt. Macht sie das nach den ersten Tagen noch nicht, besteht noch kein Grund, Dir Sorgen zu machen. Bewahre stattdessen die Geduld. Verbringe viel Zeit im Basecamp, beschäftige Dich dabei aber möglichst mit etwas anderem. Viele Katzen mögen es nicht, wenn sie beobachtet werden, tust Du jedoch so, als würdest Du sie gar nicht beachten, weckt das häufig ihr Interesse. Vielleicht ist es auch ratsam, dass Du im Basecamp schläfst, auch das sorgt bei einigen zögerlichen Kitten dafür, dass sie mutiger werden. Vermeide des Weiteren aufdringliche Düfte und Cremes, auf Handcreme solltest Du erst einmal komplett verzichten, manchmal ist das auch schon die Ursache. Erst wenn Deine Katze noch weitere Auffälligkeiten zeigt, wie beispielsweise Futterverweigerung, könnte dies auf Schmerzen oder andere Krankheiten hinweisen. In diesem Fall rate ich Dir, sie gründlich von einem Tierarzt untersuchen zu lassen.

3. **Meine Katze frisst nicht:**
   Am ersten Tag ist dieses Verhalten gar nicht so ungewöhnlich oder verspürst Du einen großen Hunger, wenn Du aufgeregt oder sogar ängstlich bist? Ich denke nicht. Ist Dein Kitten ansonsten gesund und trinkt es, ist es erstmal nicht bedenklich. Manche Katzen trauen sich, in der neuen Umgebung erst mit Einbruch der Dunkelheit zu fressen. Hält die Futterverweigerung noch am nächsten Tag an, kannst Du es mit Leckerchen probieren. Hilft auch das nicht und dauert die Abstinenz schon länger als 24 Stunden an, ist ein Anruf beim Tierarzt wahrscheinlich ratsam.
   Gleichzeitig zum Umzug solltest Du auf keinen Fall das Futter Deiner Sibirischen Katze umstellen. Lasse Dir vom Züchter oder dem Tierheim ein paar Rationen des vorherigen Futters mitgeben und behalte es entweder bei oder stelle es nur ganz langsam um. Alles andere führt zu

Durchfall, was bei einem so kleinen Wesen schnell bedrohlich werden kann.

Besonderheiten bei Deiner Sibirischen Katze

Im Allgemeinen gilt die Rasse der Sibirischen Katze als verspielt, gesellig und anhänglich. Außerdem baut sie eine tiefe und innige Bindung zu ihren Menschen auf. All diese Punkte sprechen dafür, dass sich eine Sibirische Katze in der Regel gut an ihre neue Umgebung anpasst.

Behalte aber bitte immer im Hinterkopf, dass trotz der allgemeinen Rassenbeschreibung jedes Kitten ein eigenes Individuum ist und die verschiedenen Merkmale selbst in einem Wurf unterschiedlich stark ausgeprägt sind.

Gehörte Dein Kitten schon beim Züchter eher zu den ruhigeren, wird sich das in einem neuen Umfeld wahrscheinlich erstmal verstärken. Ist Dein Kitten allerdings schon beim Züchter mutig auf Dich losgestürmt, besteht eine recht große Wahrscheinlichkeit, dass es sich auch bei Dir zu Hause schnell eingewöhnt und zurechtfindet.

Abschließend können wir daher festhalten, dass Sibirische Kitten sich aller Wahrscheinlichkeit nach recht schnell (und auch schneller als andere Rassen) an ihr neues Zuhause und auch an Dich gewöhnen werden, aber es muss Dir auch klar sein, dass es Ausreißer in beide Richtungen gibt.

SO BAUST DU EINE BEZIEHUNG AUF

Ich habe bereits am Anfang dieses Buches beschrieben, wie wichtig die Beziehungsperson für Dein Kitten ist. Doch wie wirst Du zu dieser Person? Denn es reicht nicht aus, einfach nur zu sagen, dass Du jetzt die Beziehungsperson bist. Um eine echte Bindung aufzubauen, wirst Du in den nächsten Wochen möglichst viel Zeit mit ihr verbringen müssen. Sie muss sich an Dir orientieren, Dich respektieren und Dir vertrauen.

Aus diesem Grund ist es wichtig, dass sie schon von Anfang an möglichst viele positive Erfahrungen mit Dir verbindet. Bei Katzen (wie auch bei vielen Menschen) führt ein bewährtes Mittel über das Essen, um eine Beziehung aufzubauen. Ich empfehle Dir daher, dass Du in den ersten Wochen die einzige Person bist, die Deine Katze füttert. Dabei reicht es nicht, dass Du Deiner Katze nur das Essen hinstellst und fertig. Ganz im Gegenteil empfehle ich Dir, Dich in den ersten Wochen, während Deine Katze frisst, in der Nähe auf den Boden zu setzen und beispielsweise ein Buch zu lesen. Setze Dich aber nicht zu nah an Dein Kitten heran, damit Du nicht bedrohlich wirkst. Der Grund hierfür ist, dass ich gerne hätte, dass Deine Katze während des Essens Dich und vor allen Dingen Deinen Geruch wahrnimmt. Ich möchte, dass sie Dich durch ständige Wiederholung mit etwas Positivem (dem Futter) verbindet.

Das mag im ersten Moment seltsam klingen, hat aber einen überaus positiven Effekt auf ihre Bindung zu Dir.

Außerdem solltest auch Du derjenige sein, der die Hauptspielzeiten mit ihr gestaltet. Dein Kitten lernt dadurch, dass alles coole, spannende und leckere in seinem jungen Leben von Dir ausgeht und verinnerlicht dadurch unbewusst, dass von Dir nur Gutes ausgeht und es sich voll und ganz auf Dich verlassen kann.

Wenn Du merkst, dass sich Deine Sibirische Katze in ihrem Basecamp richtig wohl zu fühlen beginnt und selbstbewusst ihr Territorium in Beschlag genommen hat, kannst Du beginnen, mit ihr auf Erkundungstour zu gehen. Tastet euch langsam von einem Raum in den nächsten vor. Erweitere das Territorium aber immer nur um einen Raum und erst, wenn sie sich dort genau so wohl fühlt wie in ihrem Basecamp, kannst Du einen weiteren Raum dazu nehmen.

Wie gehst Du bei den Erkundungsausflügen vor?

Wie bereits kurz im Kapitel „Die Wohnung" beschrieben, tauschst Du vorab am besten ein paar sogenannte Duftmarken aus. Nimm zum Beispiel den Kratzbaum aus Raum 2 und tausche diesen gegen den Kratzbaum im Basecamp aus. Auch ein paar Spielzeuge, mit denen ihr bereits gespielt habt und die daher sowohl nach Deiner Sibirischen Katze als auch nach Dir riechen, kannst Du an verschiedenen Stellen in Raum 2 unterbringen.

Sind die Vorbereitungen fertig, öffnest Du die Tür und setzt Dich in Raum 2 in einer kleinen Entfernung zur Tür auf den Boden. Jetzt heißt es wieder warten und schauen, wie Deine Samtpfote reagiert. An dieser Stelle ist es wie beim Einzug überaus wichtig, dass Deine kleine Katze die Entscheidung, ihr Territorium um Raum 2 zu erweitern, von alleine trifft. Sei da und gib ihr somit das Gefühl, nicht alleine zu sein, unternimm ansonsten aber nichts. Kommt sie mutig auf Dich zu, kannst Du selbstverständlich mit ihr schmusen oder ein Spiel spielen. Aber probiere nicht sie dazu zu bringen, den Schritt ins neue Territorium zu wagen. Das schafft sie von alleine, wenn sie dazu bereit ist.

Ist dieser Schritt getan, hast Du wieder einmal das große Vergnügen, Deiner Sibirischen Katze dabei zuzuschauen, wie sie den neuen Raum erkundet. Erst, wenn sie sich dort genau so wohl und sicher fühlt, wie in ihrem Basecamp, kannst Du den nächsten Raum auf dieselbe Weise einführen. Bei manchen Katzen geht es wirklich schnell – andere brauchen etwas länger. Passe Dich hier unbedingt an das Tempo Deines Kittens an. Aus meiner Erfahrung heraus sollten zwischen jedem Raum mindestens zwei Tage liegen. Auch wenn Dein Kitten zu den mutigen Exemplaren gehört und keine Scheu gezeigt hat, ist jeder neue Raum ein ganz schöner Brocken an neuen Eindrücken und Informationen, die erst einmal verarbeitet werden müssen.

Bei all dem Spielen und Toben ist es wichtig, nicht zu vergessen, dass mit Deiner Sibirischen Katze ein Baby in Deinen Haushalt eingezogen ist. Und Babys verbringen bekanntermaßen viel Zeit mit Schlafen, um dabei die neuen Eindrücke und alles Erlebte zu verarbeiten. Beziehungsaufbau, Spiele und Erkundungsausflüge sind selbstverständlich wichtig, Du solltest darüber aber nicht das Schlafbedürfnis Deines Kittens vergessen. Gönne ihm jeden Schlaf und sorge dafür, dass es währenddessen auf keinen Fall gestört wird.

Besonderheiten bei Deiner Sibirischen Katze

Durch ihre hohe Bereitschaft, mit ihren Menschen eine tiefe und innige Bindung einzugehen, sollte es Dir nicht allzu schwerfallen, schon in den ersten Tagen eine Bindung zu Deiner Sibirischen Katze herzustellen.

Wichtig ist, dass Du an dieser ersten Bindung weiterarbeitest und sie pflegst. Jetzt kommt es darauf an, dass Du viel Zeit investierst und Deine Sibirische Katze als das Individuum kennen lernst, das sie ist. Entdecke, was ihr gefällt und was sie fürchtet. Stelle fest, was ihr besonders Spaß macht und welchen Leckerchen sie nicht widerstehen kann.

[illegible] investierst, wirst Du nicht bereuen. [illegible]stein für eine tiefe Prägung auf Dich [illegible] was für ein enges und eingespieltes [illegible]t.

[illegible] dafür alle notwendigen Veran-[illegible]egt es an Dir, diese hervorzukitzeln [illegible]ber sei beruhigt, Deine Sibirische [illegible] Vorhaben sehr wahrscheinlich keine Steine in den Weg legen, sondern es dankbar, freudig und glücklich begrüßen.

SO LOBST UND SCHIMPFST DU ES RICHTIG

Loben oder Schimpfen? Diese Fragen stellen sich viele Katzenhalter. Für mich ist die Antwort klar.

Hast Du schon mal etwas von dem Prinzip der opernanten Konditionierung gehört? Dieses Prinzip ist auf sämtliche Tierarten anwendbar und beruht auf der Annahme, dass bestimmte Ereignisse die Wahrscheinlichkeit der Wiederholung eines Verhaltens in der Zukunft erhöhen können. Anders ausgedrückt bedeutet es, dass Lob die Zunahme eines Verhaltens fördert, während Schimpfen die Abnahme eines Verhaltens anregt.

Meiner Meinung nach stellen positive Verstärker die effektivste Methode dar, ein bestimmtes Verhalten zu erzeugen. Natürlich funktioniert auch Bestrafung – zumindest kurzfristig – aber sie weckt auch Aggressionen und Ängste in Deiner Katze. Und beides ist für eine auf Vertrauen basierende Beziehung, wie ich sie Dir in diesem Ratgeber vermitteln möchte, nicht hilfreich.

Jetzt fragst Du Dich vielleicht – wie übrigens viele andere Katzenhalter ebenfalls – wie Du Dein Kitten denn disziplinieren sollst, wenn Du es nicht schimpfen oder bestrafen darfst. Die Antwort hierauf ist ebenso simpel: Gar nicht, denn Katzen lassen sich nicht disziplinieren. Das liegt diesmal nicht an ihrem überaus großen Selbstbewusstsein, sondern an der Tatsache, dass sie nicht in der Lage sind, eine Verbindung zwischen der Bestrafung und ihrem Fehlverhalten herzustellen. Sie werden nie verstehen, warum sie ausgeschimpft werden, und damit ist die Maßnahme sinnlos. Außerdem ist jede Form der Bestrafung schlecht für die innere Raubkatze. Diese wird dadurch auf Dauer verkümmern und das wird dazu führen, dass Dein Kitten niemals zu einer selbstbewussten und zufriedenen Sibirischen Katze heranwächst.

Aus diesen Gründen empfehle ich Dir, jede Form von Schimpfen und Bestrafen einfach sein zu lassen. Wenn Deine Katze genau auf Dein Lieblingskissen gepinkelt hat, dann mache es im Stillen weg und gut ist.

Lasse auch die Maßregelung mit der vielfach gelobten Sprühflasche sein. Natürlich höre ich häufig, dass diese wunderbar funktioniert: Der stolze Katzenhalter muss nur spritzen und schon hüpft die Katze vom Esstisch. Oft reicht es sogar schon aus, die Flasche nur in die Hand zu nehmen und schon macht sich die Katze aus dem Staub. Überlege jetzt einmal mithilfe der Informationen, die Du bisher erlangt hast, was bei diesem Vorgang wirklich in Deiner Katze vorgeht. Deine Katze reagiert in diesem Beispiel nämlich nicht, weil sie gelernt hat, dass sie nicht auf den Esstisch springen soll, sondern weil sie sieht, dass Du die Sprühflasche in die Hand nimmst und das für sie unangenehm wird. Sie verknüpft Dich mit einer

Gefahrenquelle. Wenn Deine Katze Dich zu fürchten lernt, ist das in keinem Fall positiv. Ganz im Gegenteil bin ich davon überzeugt, dass jeder Katzenhalter, der Ängste schüren muss, um sich bei seiner Katze durchzusetzen, etwas Grundlegendes falsch macht (was wahrscheinlich nicht nur auf Katzen zu übertragen ist).

Doch wie gehst Du richtig vor?

Häufig werde ich gefragt, wie ein bestimmtes Verhalten abgeschafft werden kann. Doch viel wichtiger als die Abschaffung des Verhaltens ist meist die Ergründung der Motivation, die dahintersteckt. Am einfachsten lässt sich dies wieder an einem menschlichen Beispiel zeigen. Nehmen wir einmal an, Du hast einen sechsjährigen Sohn, der andauernd auf die Wände Deiner Wohnung malt. Natürlich kannst Du ihm immer wieder verbieten, dies zu tun. Du kannst aber auch sein großes Bedürfnis zu malen anerkennen und ihm helfen, seinen Impuls in eine andere – für Dich bessere – Bahn zu lenken. Das erreichst Du, indem Du ihm beispielsweise eine Staffelei und neue Farben kaufst. Auf diese Weise machst Du ihm klar, dass Du seinen Drang zu Malen unterstützt, er dafür aber die Staffelei zu verwenden hat.

Ähnlich ist es bei Deiner Sibirischen Katze. Gewöhne Dir immer an, Deiner Katze nicht nur Nein, sondern im selben Atemzug auch Ja zu sagen. Versuche immer das Bedürfnis hinter einem sogenannten Fehlverhalten zu erkennen und biete ihr dafür eine Alternative an, mit der Du besser leben kannst.

Nehmen wir wieder das Beispiel des Esstisches. Als Nein eignen sich immer Methoden, die Deine Katze nicht direkt mit Dir in Verbindung bringen. Zum Beispiel kannst Du auf einem Blatt Papier doppelseitiges Klebeband anbringen und dieses auf den Esstisch legen. Springt Deine Katze auf diesen, macht sie eine zwar harmlose aber unangenehme Erfahrung (Dein Nein, das aber nicht direkt auf Dich zurückzuführen ist).

Für das anschließende Ja ist es wichtig, die Motivation zu kennen. Wahrscheinlich ist sie in diesem Fall sogar auf verschiedene Faktoren aufgeteilt. Deine Katze interessiert sich vermutlich für die Höhe, denn so bekommt sie alles Wichtige mit. Außerdem befindet sich auf dem Esstisch meistens Essen, was einem großen Reiz entspricht und zuletzt Du selbst. Du hältst Dich dort auf, der Tisch riecht nach Dir und Deine Katze möchte dabei sein.

Ich empfehle in diesem Fall einen Kratzbaum in der Nähe des Esstisches aufzustellen. Dieser sollte so positioniert sein, dass Deine Katze das Geschehen genau beobachten kann. Außerdem kannst Du ihr diesen Platz durch die Gabe von Leckerchen, wenn sie sich dort niederlässt, versüßen (2. Motivation Essen). Und zuletzt empfehle ich Dir, den Baum immer mal wieder mit einem getragenen T-Shirt von Dir (vielleicht sogar direkt nach dem Sport, dann ist der Geruch am intensivsten) einzureiben. Somit hinterlässt Du dort eine auffällige Duftspur, die für Deine Katze unwiderstehlich sein wird.

Je früher und konsequenter Du Dich an diese Methode des kombinierten Nein und Ja hältst, desto besser wird Dein Kitten und später Deine Katze verstehen, welches Verhalten Du von ihr bevorzugst.

Versuche immer, positives Verhalten durch Lob, Leckerchen und Schmuseeinheiten zu belohnen und gleichzeitig schlechtes Verhalten niemals zu bestrafen. Überlege immer, was die Motivation dahinter sein könnte (und diese ist niemals Böswilligkeit) und biete Deiner Katze Alternativen für ihr Verhalten an.

Besonderheiten bei Deiner Sibirischen Katze

Wie bereits am Anfang dieses Ratgebers beschrieben, ist die Bindung einer Sibirischen Katze zu ihren Menschen sehr eng und tief. Selbstverständlich sollte keine Katze von ihrem Menschen bestraft werden, aber bei einer Sibirischen Katze werden sich die negativen Folgen wahrscheinlich schneller und intensiver zeigen als bei anderen Katzenrassen. Ihr Wunsch, Dir zu gefallen, sorgt in diesem Fall dafür, dass sie sich wahrscheinlich komplett zurückzieht und immer mehr Verhaltensauffälligkeiten entwickelt. Meide daher jede Form der Bestrafung und des Ausschimpfens.

Dadurch, dass Deine Sibirische Katze sehr intelligent ist, reagiert sie sehr schnell auf die kombinierte Nein-Ja-Methode. Sie lernt meist sehr schnell, dass das eine Verhalten ihr keinen Vorteil bietet, Deine vorgeschlagene Alternative aber schon. Bei konsequenter Vorgehensweise erreichst Du bei den meisten Katzen dieser Rasse damit schnell und überaus erfolgreich Dein Ziel.

SO TRAINIERST DU DAS ALLEINE SEIN

Falls Du einer regelmäßigen Arbeit nachgehst und Dein Kitten deshalb später mal jeden Tag für mehrere Stunden allein sein wird, ist es wichtig, das Alleine sein zu trainieren. Es gibt Katzen, die mit dem Alleine sein überhaupt gar kein Problem haben. Anderen wiederum gefällt es überhaupt nicht, aber mit der richtigen Vorgehensweise wird es Dir möglich sein, dass sie es erdulden.

Das einfachste Mittel ist natürlich eine zweite Katze, aber diese kommt nicht für jeden in Frage. Ist das bei Dir ebenfalls der Fall, musst Du immer darauf achten, dass Deiner Katze genügend Möglichkeiten zur Beschäftigung zur Verfügung stehen. Denn in vielen Fällen, in denen mich Katzenhalter um Hilfe bitten, ist Langeweile meist der Grund für Verhaltensauffälligkeiten. Wenn eigentlich gut erzogene Katzen plötzlich anfangen, nicht mehr das Katzenklo zu benutzen und die Couch zu markieren, dann handelt es sich hierbei um einen Hilferuf. Deine Katze versucht Dir damit beispielsweise zu sagen, dass ihr langweilig ist und sie in ihrem tristen Alltag dringend Abwechslung benötigt.

Und genau damit solltest Du von Anfang an beginnen. Du hast bereits in einem vorherigen Kapitel gelernt, wie Du die Wohnung katzengerecht einrichtest. Hierbei hast Du auch das Katzenkino kennengelernt. Dieses spannend und abwechslungsreich zu gestalten, ist gerade bei reinen Wohnungskatzen eine der obersten Prioritäten. Biete Deiner Katze genügend Möglichkeiten, während Deiner Abwesenheit das spannende Geschehen vor dem Fenster zu beobachten.

Des Weiteren kannst Du die Wohnung selbst zu einem kleinen Abenteuer gestalten. Hierbei sind Deiner Kreativität keine Grenzen gesetzt und Du solltest nicht jeden Tag das Gleiche anbieten, sondern für Abwechslung sorgen.

So kannst Du Deiner Katze beispielsweise an einem Tag einen Futterball geben, mit dem sie sich stundenlang beschäftigen kann, um an ihre heißgeliebten Leckerchen zu gelangen. Ebenso können herabbaumelnde Bälle oder geräuschvolle Stofftiere von Zeit zu Zeit Abwechslung liefern. Ein Karton zum Zerfetzen ist ebenfalls für viele Stubentiger ein spannendes Spielzeug.

Ein kleiner Geheimtipp, den meine Samtpfoten lieben, sind Duftkissen. Hierfür fülle ich kleine Stoffbeutel mit Minze und verstecke sie in der Wohnung (beispielsweise in kleinen Kartons oder unter einer Katzendecke. Ich lasse sie von meinen Katzen tagsüber suchen und biete ihnen damit eine spannende Schatzsuche.

Achte auch auf jeden Fall darauf, dass die Wassernäpfe immer gefüllt sind, wenn Du das Haus verlässt. Außerdem solltest Du die Katzentoiletten vorher kontrollieren und gegebenenfalls reinigen.

Dein kleines Kitten solltest Du auf keinen Fall von jetzt auf gleich für mehrere Stunden alleine lassen, sondern stattdessen schrittweise die für sie neue Situation trainieren. Fange erst mal mit wenigen Minuten an. Wenn Du merkst, dass das kein Problem ist, kannst Du die Zeit langsam ausweiten. Zeige Deiner Katze, dass ihr keine Gefahr droht und dass Du immer wieder zurückkehrst, wenn Du die Wohnung verlässt. Einen allgemeinen Plan gibt es hierfür leider nicht, da es sehr stark vom individuellen Charakter Deiner Sibirischen Katze abhängt.

Jetzt fragst Du Dich vielleicht, wie lange und ab wann Du denn damit anfangen kannst, Dein Kitten alleine zu lassen?

Wie bereits am Anfang des Ratgebers beschrieben, empfehle ich Dir, Dir für die ersten Wochen Urlaub zu nehmen. Du solltest auf keinen Fall damit beginnen, Dein Kitten schon in den ersten Tagen für einen längeren Zeitraum alleine zu lassen. Beginne in der zweiten Woche damit, das Alleine sein in kurzen Abständen zu trainieren und weite die Zeiträume im Tempo Deines Kittens weiter aus.

Manche Katzen kannst Du nach vier Monaten für mehrere Stunden alleine lassen, manche schon nach drei, andere erst nach sechs. Als grobe Faustregel sage ich immer, dass reine Wohnungskatzen, die allein gehalten werden, circa für 4-5 Stunden alleine gelassen werden können. Danach sollte jemand nach ihnen schauen, ihnen Futter geben und mit ihnen spielen. Bist Du selbst aufgrund Deines Jobs nicht dazu in der Lage, in der Mittagspause vorbeizuschauen, solltest Du Dich nach einem Ersatz umschauen. Vielleicht hat ein Nachbar Lust, diese Aufgabe zu übernehmen?

Katzen, die die Gesellschaft anderer Katzen genießen, können auch für einen kompletten Arbeitstag alleine gelassen werden. Sobald sie allerdings Anzeichen von Wild pinkeln und Kratzen zeigen, solltest Du überprüfen, ob sie genügend Abwechslung von Dir geboten bekommen.

Sei darauf gefasst, dass Deine Katze sehr wahrscheinlich täglich eine Wiedergutmachung einfordert, wenn Du nach der Arbeit nach Hause kommst. Sie wird Dein schlechtes Gewissen dabei schamlos ausnutzen und sich von Dir bespaßen und verwöhnen lassen.

Ist es nicht schön, wenn sich jemand so über Deine Rückkehr freut?

Besonderheiten bei Deiner Sibirischen Katze

Bedenke bei Deiner Sibirischen Katze, wie menschenbezogen und verspielt sie ist. Ich rate jedem Halter dieser Rasse, ernsthaft über eine Zweitkatze nachzudenken, denn Deine Sibirische Katze wird es Dir danken.

Sollte dies bei Dir aus welchen Gründen auch immer nicht möglich sein, bitte ich Dich um zwei Dinge:

- Versuche ernsthaft, jemanden dafür zu gewinnen, mittags nach Deiner Sibirischen Katze zu schauen, sie zu füttern und sie zu bespaßen!
- Sei kreativ und lasse Dir regelmäßig etwas Neues einfallen, wie Du Deiner Katze einen abwechslungsreichen Tag gestalten kannst. Wenn Du ihren Spieltrieb durch Deine Abwesenheit nicht ausreichend befriedigen kannst, musst Du ihr genügend Alternativen bieten.

So verstehst Du die Katzensprache

Um die Erziehung schon vom ersten Tag an erfolgreich zu gestalten, ist es wichtig, dass Deine Sibirische Katze und Du die gleiche Sprache sprechen. Denn Dein kleiner Vierbeiner achtet nicht auf das, was Du sagst, sondern viel mehr auf Deine Stimme und Deine Körpersprache. Aus diesem Grund sollten beide die richtigen Signale aussenden. Wie Du das machst, lernst Du jetzt!

Eigentlich ist es ganz einfach: Möchtest Du, dass Deine Katze Dich beachtet, dann spreche in einer spannenden und freudigen Stimme mit ihr. Möchtest Du, dass Deine Sibirische Katze ruhiger wird, dann passe dementsprechend Deine Stimme an und bewege Dich ruhig und langsam. Erhebe niemals Deine Stimme und schreie sie nicht an.

Katzen sind überaus empfindlich für unsere Stimmung und merken auch ohne dass wir schreien und brüllen, wenn wir verstimmt sind. Beides führt lediglich dazu, dass sich Deine Katze vor Dir fürchtet und Dich meidet. Und das willst Du doch nicht, oder?

Noch viel wichtiger und komplizierter als das Interpretieren Deiner Signale ist jedoch die Interpretation der Katzensprache. Nur allzu oft höre ich, dass die eigene Katze im Gegensatz zu allen anderen vollkommen undurchschaubar ist. Das mag auch stimmen, aber nicht, weil die Katze keine

Signale von sich gibt, sondern weil der Halter nie gelernt hat, diese zu verstehen.

Natürlich hat jede Katze ihre Eigenheiten, um ihre Gefühle auszudrücken, aber gerade bei der Körpersprache gibt es einige allgemeine Botschaften, die von den meisten Sibirischen Katzen ausgesandt und verstanden werden. Und genau diese möchte ich Dir jetzt näherbringen.

Auf den folgenden Seiten schauen wir uns an, was der Schwanz, die Ohren, die Augen, die Schnurrhaare und auch die allgemeine Körperhaltung Dir über die Stimmungslage Deiner Katze verraten können.

Beginnen wir mit dem **Schwanz**, denn der Schwanz Deiner Katze dient nicht nur dazu, sie beim Ausbalancieren zu unterstützten. Unter Katzen ist er eines der wichtigsten Kommunikationsmittel. Die häufigsten Kommunikationsformen sind dabei wie folgt:

- Der Schwanz ist erhoben und die Spitze zeigt nach vorne: Dies ist ein offenes, gar als freundlich zu bezeichnendes Signal. Deine Katze sagt damit „hallo“ und zeigt, dass sie selbstbewusst ist. Je tiefer der Schwanz absinkt, desto geringer wird das Selbstbewusstsein.

- Ein gerader, horizontal zum Boden gehaltener Schwanz: Diese Position würde ich als neutral bezeichnen. Es kann bedeuten, dass Deine Katze die Situation noch am Bewerten ist und sich noch keine abschließende Meinung gebildet hat. In dieser Pose solltest Du definitiv auf die restliche Körpersprache achten.
- Der Schwanz wird zwischen den Beinen eingeklemmt: Dies ist ein Zeichen größter Angst. Deine Katze ist regelrecht in Panik und Du solltest möglichst schnell die Ursache herausfinden und sie beseitigen. Ein „nur" gesenkter Schwanz kann ebenfalls Angst bedeuten, kann aber auch Teil der Jagd sein, wenn Deine Katze versucht, sich kleiner zu machen. In diesem Fall brauchst Du nicht zu handeln.

- Der Schwanz ist gesträubt: Hiermit hat Deine Katze die Extremsituation erreicht und ist kurz davor, in die Luft zu gehen. Dies kann sowohl eine offensive als auch defensive Ursache haben. Entweder wird sie gleich Hals über Kopf die Flucht ergreifen oder sich wie wild auf ihre Beute / ihren Gegner stürzen.

- Der Schwanz beginnt seltsam zu zittern: Ich habe gelernt, dass dieses Zittern ein Zeichen freudiger Aufregung darstellt. Du solltest es als große Anerkennung ansehen, wenn Deine Katze sich in Deiner Gegenwart so verhält.

- Der Schwanz peitscht von rechts nach links und wieder zurück: Dies ist ein Warnsignal dafür, dass Deine Katze in Kürze in ein defensives oder offensives Verhalten wechselt. Bist Du gerade mit Deiner Katze am Schmusen, solltest Du umgehend aufhören, sonst hast Du bald ihre Klauen in Deiner Hand. Zuckt der Schwanz jedoch, kann das auf eine Irritation oder Frustration hindeuten. Hier solltest Du auf Ursachenforschung gehen.

Sehr wahrscheinlich wirst Du bei Deiner Katze noch mehr Variationen feststellen, denn ich konnte hier nur die wichtigsten und häufigsten aufzählen. Achte bei abweichenden Variationen darauf, wie Deine Katze als Nächstes reagiert und merke es Dir.

Kommen wir nach dem Schwanz zu den **Ohren**, denn auch die Stellung der Ohren kann uns viel über die Stimmungslage Deiner Katze verraten. Wusstest Du, dass Deine Katze ihre Ohren unabhängig voneinander bewegen kann? Dafür sind über 20 verschiedene Muskeln verantwortlich. Natürlich kann Deine Katze dadurch eine große Variation an Gemütszuständen vermitteln, die drei wichtigsten Stellungen sind aber folgende:

- <u>Die Ohren stehen aufgerichtet nach vorne:</u> Deine Katze ist aufmerksam und nimmt ihre Umgebung wahr. Entspannt sich Deine Katze, dreht sie die Ohren leicht nach außen.
- <u>Die Ohren sind angelegt:</u> Sind die Ohren nur leicht angelegt, ist Deine Sibirische Katze zwar ängstlich, sie versucht aber noch, Informationen aufzunehmen. Sind die Ohren komplett angelegt, bereitet sich Dein Liebling auf einen Angriff vor. Generell kannst Du davon ausgehen, dass je enger Deine Katze ihre Ohren anlegt, sie umso ängstlicher ist.
- <u>Die Ohren bewegen sich unabhängig voneinander:</u> Deine Katze ist am Sondieren. Wahrscheinlich weiß sie selbst noch nicht, was sie von der aktuellen Situation halten soll. Achte daher genau auf die übrige Körpersprache und berücksichtige jede Veränderung.

Kommen wir zu den **Augen**. Auch die Augen Deiner Katze können Dir viel über sie und ihre Gefühlslage verraten. Hier sind ein paar Beispiele:

- Die Pupillen sind geweitet: Geweitete Pupillen können zum einen an schlechten Lichtverhältnissen liegen. Sie können aber auch darauf hindeuten, dass sich Deine Katze gerade im Kampf-oder-Flucht-Modus befindet. Durch die erweiterten Pupillen kann Deine Katze ihre Umgebung besser wahrnehmen und ist daher besser auf mögliche Gefahren vorbereitet. Wenn Dir auffällt, dass sich ihre Pupillen plötzlich weiten, solltest Du definitiv die übrige Körpersprache beachten.
- Die Pupillen sind schmale Schlitze: Im Gegensatz zu geweiteten Pupillen, kannst Du Schlitze in den meisten Fällen positiv bewerten. Deine Katze ist dann in der Regel entspannt und zufrieden.
- Deine Katze starrt Dich an: Das ist ein Anzeichen dafür, dass sich Deine Katze gerade im Angriffsmodus befindet und ihre Beute oder ihren Gegner herausfordern möchte. Probiere sie abzulenken, dann schalten viele Katzen wieder um.

- Deine Katze weicht den Blicken von Dir oder anderen aus: Damit signalisiert sie, dass sie nicht an einer Auseinandersetzung interessiert ist.
- Deine Katze blinzelt langsam: Wenn Dich Deine Katze anblinzelt, ist das ein äußerst positives Zeichen. Ich habe schon oft beobachtet, dass es für Katzen sogar ein großer Liebesbeweis ist. Aus diesem Grund habe ich mir angewöhnt, meiner Katze zur Begrüßung ebenfalls langsam zuzublinzeln. Probiere es einmal aus!

Neben den Augen, den Ohren und dem Schwanz können Dir auch die **Schnurrhaare** dabei helfen, Deine Katze besser zu verstehen. Natürlich dienen die Schnurrhaare in erster Linie dazu, Informationen zu sammeln. Hängen sie locker zur Seite herunter, ist Deine Katze ganz entspannt und zufrieden. Je weiter sie angelegt sind, desto ängstlicher ist Deine Katze (sie macht sich damit wieder regelrecht klein). Nach vorne gerichtete Schnurrhaare können Vieles aussagen. Als erstes bedeuten sie, dass Deine Katze mehr Informationen aufnehmen möchte. Das kann bedeuten, dass sie an etwas interessiert oder einfach nur neugierig ist. Es kann aber auch bedeuten, dass Deine Katze kurz davor ist, anzugreifen und sie nur noch die letzten Informationen sammelt. Außerdem können nach vorne gerichtete

Schnurrhaare ein Zeichen dafür sein, dass Deine Katze eine Gefahr vermutet.

Du merkst, wie komplex die Deutung der Körpersprache sein kann. Es ist daher immer wichtig, dass Du sowohl den Kontext, als auch die anderen Signale, die sie aussendet, mitberücksichtigst.

Kommen wir nun zu dem wohl offensichtlichsten Kommunikationsweg, der **allgemeinen Körperhaltung**. Auch hierbei vermitteln Katzen, wie es ihnen gerade geht. Die auffälligsten Positionen habe ich Dir kurz zusammengefasst:

- Halloween-Haltung: Hiermit meine ich, dass Deine Katze einen Buckel macht und die Haare gesträubt sind. Deine Katze macht sich damit größer, als sie eigentlich ist. Sobald Du sie in dieser Position siehst, sollten auch bei Dir die Alarmglocken angehen – denn die Glocken Deiner Sibirischen Katze läuten dann schon im Sturm. Sie ist kurz davor, an die Decke zu gehen. In dieser Stellung ist sie bereit, sich mit allem zu verteidigen, was sie zur Verfügung hat.
- Geduckter-Zwerg-Haltung: Deine Katze macht sich so klein es geht, die Ohren sind

eng angelegt und der Schwanz ist eingeklemmt. Sie sendet damit das Signal aus, dass sie an keinem Kampf interessiert ist und auf keinen Fall bedrohlich wirken möchte. Wird sie in dieser Position jedoch in die Enge getrieben, ist sie in letzter Instanz durchaus in der Lage, sich zu verteidigen.

- Rollender Schmusekater: Wenn sich Deine Katze glücklich auf dem Boden rollt, ist dies meist ein positives Zeichen. Sie sagt damit aus, dass sie eigentlich ganz lieb und harmlos ist. Bei jungen Katzen ist das Bauchzeigen außerdem eine Spielaufforderung. Bei älteren Katzen kann diese Position aber auch defensiv verstanden werden, denn für die innere Raubkatze Deiner Sibirischen Katze gibt es keinen größeren Beweis des Vertrauens, als Dir ihren ungeschützten Bauch zu zeigen. Begehe aber nicht den Fehler, dies gleich mit einer Einladung zum Bauchgraulen gleichzusetzen. Viele Katzen mögen es nämlich gar nicht, dort gestreichelt zu werden. Entweder genießt Du diesen Liebesbeweis daher lieber aus der

Entfernung oder streichelst stattdessen sanft über ihren Kopf.

- Die Sphinx: Deine Katze streckt im Liegen entspannt die Vorderbeine vor sich aus. Eine entspanntere und zufriedenere Haltung gibt es kaum. Sind dazu noch die Augen leicht schläfrig, geht es Deiner Katze in diesem Moment richtig gut.

Ich hoffe, ich konnte Dir auf diesen Seiten die Kommunikationswege Deiner Katze etwas näherbringen. Keine Katze beißt oder kratzt, ohne dass sie vorher Warnsignale aussendet – auch wenn diese ehrlicherweise manchmal für den menschlichen Betrachter recht subtil ausfallen können. Du kennst aber jetzt die Feinheiten und wirst beim Schmusen darauf achten, ob sich plötzlich die Pupillen weiten oder der Schwanz zu peitschen beginnt und dann wissen, dass Du jetzt besser aufhörst.

Besonderheiten bei Deiner Sibirischen Katze

Bezüglich der Körpersprache gibt es keine rassenspezifischen Besonderheiten. Das Einzige, was ich Dir mit auf den Weg geben kann, ist, die individuelle Körpersprache Deiner Sibirischen Katze kennenzulernen. Ich konnte Dir nur die auffälligsten Merkmale auf den vorherigen Seiten beschreiben, doch es gibt noch so viele Nuancen!

Nehme Dir die Zeit und lerne gerade in den ersten Wochen, wie Dein Kitten mit Dir kommuniziert. Achte auf die Stellung der Ohren, die Bewegungen des Schwanzes und die Augen. Wie sieht die Körpersprache Deiner Katze aus, wenn sie entspannt ist und was genau hat sie gemacht, kurz bevor sie Dich plötzlich gekratzt hat?

Die Körpersprache der eigenen Katze lesen zu lernen, ist eine der spannendsten Themen in der Kennenlernphase.

EXKURS: WARUM SICH KATZEN NICHT GERNE STREICHELN LASSEN

Immer wieder erzählen mir frustrierte Katzenhalter, dass sich ihre Katze nicht gerne streicheln lässt und fragen mich, wie sie das ändern können. Tatsächlich ist es so, dass Katzen am ganzen Körper – aber insbesondere in der unteren Körperhälfte – über hochempfindliche sensorische Rezeptoren verfügen. Diese senden bei jeder Berührung der Haut oder Haare einen Reiz aus, was wiederum sehr schnell zu einer Überstimulation und dem damit einhergehenden Kratzen und Beißen führt.

Viele Katzenhalter müssen sich daher einfach daran gewöhnen, dass Katzen in den meisten Fällen (Ausnahmen bestätigen wie immer die Regel) keine ausgiebigen Schmuser sind, schon gar nicht, was ihren Bauch angeht.

Bei empfindlichen Katzen empfehle ich immer, hauptsächlich den Kopf und den Rücken zu streicheln. Das führt meist deutlich später zu einer Überstimulation. Aber auch hier ist jede Katze anders und es ist wichtig, dass Du herausfindest, wie Deine Katze individuell gerne gestreichelt wird.

Ich habe aber natürlich ein paar allgemeine Tipps für Dich, die bei den meisten Katzen sehr gut ankommen:

- Begehe niemals den Fehler (gerade bei fremden Katzen) diese einfach zu streicheln! Die Aufforderung sollte immer von der Katze ausgehen. Natürlich kannst Du ihr entgegenkommen, indem Du den Arm locker zu ihr austreckst und dabei den Zeigefinger vorsichtig in ihre Richtung streckst.
- Danach heißt es abwarten. Und zwar wartest Du darauf, dass die Katze Deinen Zeigefinger mit ihrer Nase anstupst.
- Erhältst Du mit dem Nasenstupser (das ist übrigens die gängige Begrüßung zweier Katzen untereinander) grünes Licht, kannst Du mit Deinem Finger langsam über ihren Nasenrücken streicheln.
- Wenn ihr das gefällt, dehnst Du das Streicheln langsam auf ihre Wangen, Kinn und Stirn aus.
- Nur wenn sich die Katze hierbei richtig entspannt, kannst Du vorsichtig und sachte ausprobieren, ob es für sie in Ordnung ist, wenn Du beim Streicheln über ihre Schultern hinaus gehst.
- Für fortgeschrittene Schmuser empfehle ich eine sanfte Ohrmassage. Nimm dafür die Ohrspitze zwischen Zeigefinger und

Daumen und führe kreisförmige Bewegungen aus. Den richtigen Druck und die richtige Geschwindigkeit musst Du jedoch selbst herausfinden. Gelingt es Dir, hier die optimale Mischung zu finden, wirst Du Deiner Katze damit eine große Freude bereiten.

- Kapitel 5 -

DIE WICHTIGSTEN ERZIEHUNGS-SCHRITTE

Du bist jetzt schon ziemlich weit gekommen. Auf den nachfolgenden Seiten erfährst Du, wie Du die wichtigsten Erziehungsschritte mit Deiner kleinen Sibirischen Katze trainierst. Alle meine nachfolgenden Tipps beruhen auf der bereits erläuterten positiven Konditionierung. Deine Katze wird dadurch lernen, dass sich ein bestimmtes Verhalten für sie lohnt und daher gerne bereit sein, dieses für Dich zu wiederholen, wenn Du sie dazu aufforderst.

Alle nachfolgenden Erziehungsschritte sind nach meinem Ermessen für ein glückliches Katzenleben unerlässlich. Leider stelle ich jedoch immer wieder fest, dass sich viele Katzenhalter nicht genauer damit beschäftigen und daher massive Verhaltensstörungen bei ihren Tieren hervorrufen können. Damit es Dir und Deiner Sibirischen Katze nicht so ergeht, wirst Du auf den nächsten Seiten erfahren, wie du Deine Katze an ihren Namen gewöhnst, wie Du ihr beibringst, auf Zuruf zu Dir zu kommen, wie sie richtig frisst, wie Du sie stubenrein bekommst und wie Du sie an die Transportbox gewöhnst.

Bevor wir mit den einzelnen Erziehungsschritten beginnen, habe ich vorab noch ein paar Tipps für Dich, die Dir das Training deutlich erleichtern werden:

- Starte das Training immer direkt vor der Fütterung. Das hat zum einen den Vorteil, dass Deine Katze hungrig ist und zum anderen ist das Futter am Ende der Übung die Jackpot-Belohnung für sie.
- Es ist vollkommen in Ordnung, Deine Katze während der Übungen mit Leckerchen zu belohnen. Die wenigsten Katzen werden ausschließlich wegen des Lobes mit Dir zusammenarbeiten (sie sind schließlich keine Hunde!). Vor allem bei komplexen und schwierigen Übungen solltest Du eine ganz besonders leckere Belohnung bereithalten. Hat Deine Katze ein Kommando oder eine Übung erfolgreich gemeistert, reicht manchmal auch ein Lob aus.
- Führe das Training immer in einem ruhigen Raum aus und stelle sicher, dass Deine Katze möglichst wenig Ablenkung erfährt. Wenn sie ein Kommando beherrscht,

kannst Du langsam dazu übergehen, auch mal eine Ablenkung einzubauen.

- Katzen lieben geregelte Abläufe. Daher ist es für manche Katzen sehr hilfreich, immer zur gleichen Zeit am gleichen Ort zu trainieren.
- Überfordere Deine Katze mit dem Training nicht, für sie sind es sehr anspruchsvolle Minuten. Ich empfehle eine Dauer von 10-15 Minuten, alles andere könnte sie zu sehr auslaugen. Am besten ist es auch, das Training immer mit einem Erfolg (sprich einer korrekt ausgeführten Übung) zu beenden. Es ist immer ratsam, dass Du derjenige bist, der das Training beendet und nicht Deine Katze, die Dich einfach gelangweilt stehen lässt (achte auf ihre Körpersprache, um den richtigen Moment zum Beenden abzupassen!).
- Gewöhne Dir an, festgelegte Begriffe für ein Kommando zu verwenden. Sage zum Beispiel immer „Hier“ und nicht abwechselnd „Komm“, „Komm her“ oder „Hierhin“. Deine Katze kann die Wörter nicht verstehen, sie kann sich aber merken, dass sie bei einem bestimmten Laut zu Dir kommen soll. Verwendest Du immer

andere Begriffe, verwirrst Du sie nur und vernichtest damit eure Trainingserfolge.

- Übe nie mehr als eine neue Aufgabe auf einmal mit Deiner Katze – auch das kann sie verwirren und überfordern. Gehe immer eine nach der anderen an und beginne erst mit der neuen, wenn die alte komplett verinnerlicht ist.

Am Ende dieses Kapitels erhältst Du zusätzlich noch einige Tipps, wie Du mit unerwünschtem Verhalten umgehen kannst. Dazu gehören die großen Probleme wie Beißen und Kratzen, pausenloses Nerven, Zerstörungswut, das Pipi-Kaka-Problem und die Angst vor Allem und Jedem. Die Vorgehensweise ist dabei im Grunde immer gleich, was Dir hoffentlich auch dabei hilft, mit weiteren Problemen umzugehen, die ich in diesem Ratgeber nicht mehr näher erläutern konnte.

Den eigenen Namen lernen

Das Training des Namens fängt schon viel früher an, als es die meisten glauben. Denn tatsächlich beginnt es schon bei der Namensauswahl. Mein erster Tipp für Dich lautet:

Wähle einen Namen mit nur zwei Silben aus!

Warum? Einen langen Namen kann sich Deine Katze nicht so gut merken. Einen zu kurzen Namen kann sie jedoch mit den gängigen Kommandos wie „Hier" oder „Sitz" durcheinanderbringen. Ist der eigentliche Name Deiner Katze etwas länger, kannst Du Dir einen Rufnamen für sie überlegen.

Außerdem haben Forscher herausgefunden, dass sich Katzen Namen mit hellen Vokalen besser merken können. Zu diesen gehören das „i" und das „a". Diese können sie auch aus weiterer Entfernung besser identifizieren.

Zischlaute, wie ein „s", „z" oder „sch" klingen für viele Katzen eher unangenehm und sollten im Namen daher möglichst nicht vorkommen. Es wird vermutet, dass das noch von ihrem ehemaligen Erzfeind, den Schlangen abstammt.

Das eigentliche Training des Namens solltest Du, wie vorhin beschrieben, in einer entspannten Atmosphäre beginnen. Warte auf eine Situation, in der sich Deine Katze vollends wohlfühlt und entspannt da liegt. Rufe dann einmal ihren Namen in ihre Richtung. Sobald Deine Katze darauf reagiert, belohnst Du sie. Eine Reaktion besteht auch schon darin, dass sie nur ihren Kopf hebt. Schaut sie Dich dabei auch noch an, ist es umso besser. Sobald sie eine der oben genannten Reaktionen oder eine ähnliche zeigt, ist es Deine Aufgabe, sie unvermittelt dafür zu belohnen. Ich empfehle dabei immer die Gabe von Leckerchen.

Zeige Deiner Katze, dass ihr Name für sie immer etwas Gutes bedeutet. Wiederhole die Übung ein weiteres Mal und belohne sie erneut.

Zusätzlich zu dieser einfachen Übung kannst Du dafür sorgen, dass sie viele schöne Momente mit ihrem Namen verbindet. Nehmen wir einmal an, dass Dein Kitten abends gerne zu Dir auf die Couch zum Kuscheln kommt. Nutze diesen intimen Moment und sage immer mal wieder ihren Namen, wenn Du ihr sanft über den Rücken streichelst. Achte dabei aber darauf, dass Du ansonsten sehr wenig sprichst und ihren Namen auch nicht mit anderen Wörtern kombinierst.

Auch beim Fressen kannst Du ihren Namen sagen oder ihn jedes Mal zur Begrüßung verwenden, wenn Du nach Hause kommst. Wenn Du diese Tipps befolgst, bin ich mir sicher, dass Dein Kitten recht schnell positiv auf die Nennung ihres Namens reagiert.

Abschließend habe ich noch eine Warnung für Dich: Nicht nur zu Beginn, sondern während ihres gesamten Lebens solltest Du darauf achten, ihren Namen niemals mit etwas Negativem in Verbindung zu bringen. War Deine Katze unartig (weil sie beispielsweise gerade Deine Lieblingsvase vom Schrank geworfen hat), darfst Du niemals laut ihren Namen brüllen. Ihr Name darf ausschließlich für positive Verknüpfungen verwendet werden. Verwendest Du ihn zu oft in Verbindung mit etwas Negativem, wird sie auch diese negativen Ereignisse mit ihrem Namen verbinden und nicht mehr so auf ihn reagieren, wie Du es gerne hättest.

AUF ZURUF KOMMEN

Sobald Deine Katze ihren Namen verinnerlicht hat, kannst Du mit ihr das Abrufen trainieren. Ich empfehle jedem Katzenhalter, dieses Training hartnäckig bis zum Schluss zu verfolgen, denn es ist sowohl für Dich als auch für Deine Katze äußerst wichtig, dass Du sie auf Kommando zu Dir rufen kannst. Es kann immer mal nötig sein, dass Du Deine Katze zu Dir rufen musst und wenn sie dann nicht folgt, sind die Folgen schon mal gravierend.

Wie baust Du die Übung am besten auf?

Um ihre Aufmerksamkeit zu erlangen, empfehle ich meist, zuerst den Namen Deiner Katze zu rufen. Damit erreichst Du in der Regel, dass sie zu Dir schaut. Sobald der Blickkontakt hergestellt ist, gibst Du das Kommando „Hier" und bietest ihr am besten gleichzeitig mit einer offenen Geste ein ganz besonderes Leckerchen an. Wenn Deine Katze zu Dir gelaufen kommt (am besten hältst Du die Distanz zu Beginn noch recht klein), belohnst Du sie umgehend mit ausführlichem Lob und selbstverständlich dem Leckerchen.

Wiederhole die Übung jetzt an einem anderen Platz.

Wiederhole sie immer und immer wieder. Ist sie erfolgreich, kannst Du langsam anfangen, die Distanz zu erhöhen. Die Königsdisziplin hast Du erreicht, wenn Deine Katze sogar zu

Dir gelaufen kommt, wenn Du Dich ein oder zwei Räume weiter befindest.

Doch wie gehst Du vor, wenn Deine Katze nicht mitmacht?

Mein erster Tipp ist hierbei immer, die Motivation zu erhöhen. Sorge dafür, dass Deine Katze wirklich Hunger hat, dann wird sie sich die Leckerchen schon bei Dir holen kommen. Solltest Du einen wirklich harten Brocken erwischt haben, kannst Du dazu übergehen, Deine Katze nur noch über dieses Training zu füttern. Sprich: Wenn Deine Katze etwas essen will, muss sie vorher auf Zuruf zu Dir kommen. Ich weiß, dass diese Methode hart klingt, aber denke immer daran, dass es Deine kleine Samtpfote gewohnt ist, für ihr Essen zu jagen. Da ist das Abruftraining noch ein Klacks gegen.

Manchmal kann es allerdings auch schon helfen, die Leckerchen umzustellen. Vielleicht waren diese einfach noch nicht besonders genug.

Zum Abschluss habe ich auch hier nochmal eine ähnliche Warnung wie zuvor: Rufe Deine Katze nur in absoluten Notfällen zu Dir, wenn sie danach etwas negatives erwartet. Es ist wirklich wichtig, dass sie das zu Dir Kommen nicht negativ, sondern im Gegenteil positiv verknüpft. Zum Krallenschneiden solltest Du sie daher niemals rufen, sondern einsammeln gehen.

Besonderheiten bei Deiner Sibirischen Katze

Durch die hohe Anhänglichkeit Deiner Sibirischen Katze wirst Du diese Übung sehr wahrscheinlich schneller meistern, als Halter anderer Katzenrassen.

Wenn Du und Deine Sibirische Katze Spaß an diesen Übungen habt, könnt ihr auch noch einen Schritt weiter gehen und beispielsweise Apportiertraining machen oder sogar an der Leine spazieren gehen. Das ist mit dieser Rasse alles möglich und intensiviert eure Beziehung noch weiter. Da es allerdings nicht zum Basis-Programm gehört, dass jede Katze von Beginn an lernen sollte, gehe ich hier nicht weiter darauf ein.

RICHTIGES FRESSEN

Fressen ist eine der am häufigsten unterschätzten Abläufe im Katzenleben. Ich wundere mich immer wieder darüber, wie wenig Gedanken sich manche Menschen über diesen wichtigen Teil des Lebens ihrer Katze machen. Oft wird ihnen einfach nur lieblos ein Napf hingeklascht oder es steht immer ein gefüllter Napf in der Küche oder noch schlimmer: Es gibt einen Futterautomaten.

Das Essen ist eine der intimsten Momente im täglichen Rhythmus Deiner Sibirischen Katze, den Du nicht nur genießen solltest, sondern auch bewusst gestalten kannst.

Meine erste Regel lautet:

Stelle Deiner Katze niemals rund um die Uhr Futter zur Verfügung. Denke dabei an die innere Raubkatze. Ist es diese etwa gewohnt, immer Futter zur Hand zu haben oder musste sie erstmal dafür jagen? Kannst Du Dir ernsthaft vorstellen, dass es für das Selbstbewusstsein Deiner Katze hilfreich ist, wenn sie immer Futter zur freien Verfügung hat (einmal ganz davon abgesehen, dass dieses schnell abgestanden ist)? Wenn Du Deiner Katze immer freien Zugang zu Essen gewährst, bombardierst Du damit nicht nur Deinen Trainingserfolg, sondern handelst auch komplett gegen ihre Natur.

Feste Mahlzeiten am Tag sind für mich daher nicht verhandelbar. In der freien Natur sind es Katzen gewohnt, mehrmals am Tag kleinere Portionen zu fressen. An diesem Rhythmus sollten wir uns orientieren, allerdings hast Du hierbei die Freiheit, ihn an Deinen eigenen Rhythmus anzupassen. Beispielsweise kannst Du Deine Katze das erste Mal füttern, wenn Du morgens aufstehst, dann wenn Du nach der Arbeit nach Hause kommst und zuletzt, wenn Du Dich für das zu Bett gehen fertig machst.

Diese Momente eignen sich besonders gut, da genau dann das Energielevel Deiner Sibirischen Katze automatisch ansteigt. Wenn Du Dich an das erinnerst, was Du in diesem Ratgeber bereits gelernt hast, weißt Du, dass die Grundbedürfnisse Deiner Katze wie folgt sind: Jagen – Fangen – Töten – Fressen – Ruhen

Stellst Du Deiner Katze einfach nur das Futter hin, befriedigst Du lediglich einen Bruchteil ihrer Grundbedürfnisse. Da ich Dir bereits empfohlen habe, mehrmals täglich mit Deiner Sibirischen Katze zu spielen, ist es gar nicht mal so dumm, diese Spielzeiten genau vor die Fütterung zu legen. Damit kommst Du den natürlichen Bedürfnissen Deiner kleinen Raubkatze nämlich sehr nahe. Lasse es zu eurem beiderseitigen Rhythmus werden, dass vor jeder Mahlzeit erstmal für 10-15 Minuten (bei jungen Kitten ist die Spielzeit selbstverständlich deutlich kürzer) ausgiebig Jagdspiele veranstaltet werden. Du wirst begeistert sein, wie freudig Deine Katze mitmacht und wie gerne sie anschließend ihr Futter verschlingt.

Und damit sind wir direkt schon beim nächsten Thema angelangt. Katzen schlingen ihr Essen herunter. Sie kauen kaum, sondern schlucken alles sofort hinunter. Manchmal kannst Du auch heute noch beobachten, wie Deine Katze beim Essen kurz den Kopf schüttelt – das ist ihre innere Raubkatze. Denn diese ist es noch gewohnt, ihr Futter von der Beute reißen zu müssen, was sich heute noch im Schütteln des Kopfes bemerkbar macht. Sollte Deine Katze ein ganz extremer Schlinger sein, helfen Anti-Schling-Näpfe sehr gut. Diese kannst Du entweder im Fachhandel erwerben oder selber basteln, indem Du ein paar saubere Steine auf dem Futterteller platzierst.

Manche Katzen schlingen ihr Futter so schnell herunter, dass sie sich danach übergeben müssen. Das, was dabei wieder rauskommt, sieht fast genauso aus wie das, was eben noch auf dem Teller lag. Sollte dies trotz Anti-Schling-Napf immer noch regelmäßig vorkommen, solltest Du abklären, ob es nicht vielleicht eine körperliche Ursache wie z.B. Hypertrophie vorliegt.

Viele Katzenhalter erzählen mir häufig, dass ihre Samtpfoten äußerst pingelige Esser sind. Ich stelle dabei meistens fest, dass die Probleme mit pingeligen Essern meist selbst gemachte sind. Als erstes rate ich auch diesen

Haltern, die dauerhafte Bereitstellung von Futter einzustellen (das ist übrigens eine der Hauptursachen!). Wenn Deine Katze ständig auf ihr Essen zugreifen kann, ist sie selten bereit, etwas Neues auszuprobieren. Es ist dabei auch schwierig zu unterscheiden, ob die Katze wirklich pingelig oder einfach nur nicht hungrig ist. Sollte Deine Katze ihre Mahlzeit einmal nicht vollständig aufessen, entfernst Du die Reste nach dem Essen unverzüglich. Du lässt sie nicht noch länger stehen, damit Deine Katze später weiteressen kann. Sonst trainierst Du ihr Pingeligkeit an. Gewöhne Deine kleine Samtpfote von Anfang an daran, dass es nur zu festen Zeiten Futter gibt und sie sich nichts für später aufheben kann.

Es gibt aber noch mehr Tipps, wie Du Deine Katze zum Fressen motivieren kannst:

- **Flache Teller:** Oft liegt es gar nicht am Futter, dass Katzen nicht gerne oder viel fressen, sondern an dem Napf. Für Katzen ist es sehr unangenehm, wenn ihre Schnurrhaare beim Essen an den Rand des Napfes kommen. Gebe daher immer einem flachen Teller oder einer Schale den Vorzug vor einem Napf.
- **Maustemperatur**: Katzen mögen ihr Futter weder zu kalt noch zu warm. Insbesondere Nassfutter, das direkt aus dem Kühlschrank

stammt, wird bei den wenigsten Katzen Begeisterungsstürme auslösen. Probiere daher, das Futter immer auf „Maustemperatur" zu servieren, das wird besonders der inneren Raubkatze gefallen.

- **Konsistenz**: Manche Katzen bevorzugen bestimmte Futterkonsistenzen. Manche lieben feste Happen, andere Pasteten oder Pellets. Biete Deiner Sibirischen Katze möglichst früh eine Vielfalt an verschiedenen Konsistenzen an und merke Dir, was sie besonders gerne mag.
- **Geschmacksvielfalt**: Biete Deiner Katze auch immer wieder neue Geschmacksrichtungen an. Gewöhne sie von klein auf daran, dass nicht jeden Tag dreimal dasselbe auf den Teller kommt, sondern eröffne ihr die Welt der unterschiedlichen Geschmäcker. Je früher sie lernt, dass Futter unterschiedlich schmecken kann, desto geringer ist die Wahrscheinlichkeit, dass sie neues Futter ablehnt.
- **Ortswahl**: Wähle den Fütterungsplatz mit Bedacht. Denke daran, dass Katzen keine Sackgassen mögen und immer mehrere Fluchtwege brauchen. Stelle das Futter außerdem nicht direkt neben das Katzenklo

(sollte selbsterklärend sein!) aber auch nicht direkt neben den Wassernapf. Sorge auch dafür, dass Deine Katze beim Fressen ihre Ruhe hat – das gilt insbesondere für kleine Kinder und andere Haustiere wie Hunde.

- **Extrawünsche**: Katzen sind sehr schlau und merken sich sofort, wenn sie mit Miauen Extrawünsche beim Fressen erfüllt bekommen. Das einfachste Mittel hiergegen ist, gar nicht erst damit zu beginnen. Du entscheidest, was auf den Tisch kommt und Deine Katze kann lediglich entscheiden zu fressen oder eben nicht. Reagiere niemals darauf, wenn sie mit Miauen mehr oder etwas anderes verlangt – damit schaufelst Du nur Dein eigenes Grab.
- **Krankheiten**: Lerne Deine Katze so gut kennen, dass Du einen Unterschied erkennst, ob sie nicht frisst, weil sie pingelig ist oder weil ihr körperlich etwas fehlt. Bei Letzterem solltest Du zeitnah einen Tierarzt aufsuchen.

Was genau und wie oft Dein Kitten am Anfang gefüttert werden soll, besprichst Du am besten ausführlich mit dem Züchter oder dem Tierheim. Hier erhältst Du in der Regel alle Informationen, die Du benötigst und stellst sicher, dass Deine Katze keine große Futterumstellung verkraften muss.

STUBENREINHEIT

Wir schrieben das Jahr 1947, als Ed Lowe das Katzenstreu erfand. Mit dieser doch recht einfachen Erfindung revolutionierte er die Katze-Mensch-Beziehung. Von nun an willigte der Mensch dazu ein, dass die Katzen ihr Geschäft in kleinen Boxen in der Wohnung verrichteten, engten dadurch den Lebensraum der Samtpfoten massiv ein, verbrachten dafür aber deutlich mehr Zeit mit ihnen.

In dieser doch recht kurzen Zeitspanne ist es für uns eine Selbstverständlichkeit geworden, dass Katzen ihr Naturell – nämlich ihr Geschäft überall wo sie wollen zu verrichten und damit ihr Territorium zu markieren – unserem Bedürfnis nach Sauberkeit und Ordnung unterordnen. Tatsächlich ist das Pipi-Kaka-Problem mit großem Abstand das häufigste, was Katzenhalter schließlich zum Handeln bewegt. Denn nichts ärgert uns mehr, als wenn unsere kleinen Lieblinge genau auf unser Lieblingskissen urinieren.

Zu unserem Glück lernen die meisten Katzen heute recht schnell, das Katzenklo zu verwenden. Kitten aus einer seriösen Zucht und mit einer guten Sozialisierung haben sich meist schon vom Muttertier abgeschaut, wie das Katzenklo zu verwenden ist. Sollte Dein Kitten noch nicht so weit sein, habe ich hier ein paar Tipps für Dich, wie Du das kleine Problem schnell in den Griff bekommst:

Mache es Deiner Katze leicht, das Katzenklo zu benutzen. Das heißt, Du setzt sie immer ins Katzenklo, wenn es sehr wahrscheinlich ist, dass sie sich erleichtern muss. Das ist immer nach den Mahlzeiten und dem Aufwachen der Fall. Beobachte Deine kleine Sibirische Katze genau und trage sie schnell zum Katzenklo, wenn sie sich hinhockt und den Schwanz anhebt.

Das ist am Anfang zwar etwas mühselig, führt aber sehr schnell zum Erfolg. Wenn Du es schaffst, dass Dein Kitten fast jedes Mal von Dir auf die Katzentoilette gesetzt wird, wird sie diese bald automatisch aufsuchen, wenn sie den Drang danach verspürt.

Denke daran, Dein Kitten niemals auszuschimpfen, wenn mal ein Malheur passiert. Deine Katze wird Dein Schimpfen nicht mit dem Malheur in Verbindung bringen – daher kannst Du es Dir gleich sparen. Mache es kommentarlos weg und weiter geht es.

Wie bereits empfohlen, solltest Du zu Beginn dasselbe Katzenstreu wie der Züchter (oder das Tierheim) verwenden und auch darauf achten, dass Dein Kitten problemlos in das Katzenklo einsteigen kann.

Wirklich entscheidend, um spätere Probleme zu vermeiden, ist der Standort des Katzenklos. Ich weiß selbst, dass sie nicht sehr dekorativ sind und in keinem Wohn- oder

Schlafzimmer gut aussehen. Doch genau dort gehören sie hin. Du hältst Dich in diesen Räumen viel auf und Dein Geruch ist dort sehr präsent. Es entspricht einfach der Natur Deiner Sibirischen Katze, dass sie genau dort auch ihren Duft hinterlassen möchte. Biete ihr also die Möglichkeit, dies sauber im Katzenklo zu erledigen, statt direkt auf dem Bett oder dem Sofa.

Nachfolgend habe ich noch einige weitere Gründe aufgeführt, wieso manche Katzen das Katzenklo häufig meiden und wie Du das ändern kannst:

1. **Zu wenig Auswahl**: Für Deine Katze wird es nicht ausreichen, nur ein einziges Katzenklo zur Verfügung zu haben, Du benötigst mindestens noch ein weiteres. Es entspricht einfach nicht ihrem Naturell, nur einen Ort für ihr Geschäft zu verwenden. Außerdem bevorzugen Katzen für ihr großes und kleines Geschäft unterschiedliche Ortschaften.
2. **Getrennte Stellplätze**: Begehe aber jetzt nicht den strategischen Fehler, die Katzenklos direkt nebeneinander zu stellen. Sie gehören in strategisch wichtige Räume, die Du viel benutzt und die daher intensiv Deinen Geruch aufnehmen.

3. **Raumerfrischer**: Das Katzenklo dient Deiner Katze nicht nur zur Erleichterung, sondern auch als Duftmarkierung, die ihren Besitzanspruch an das Territorium bekräftigt. Was glaubst Du, wie hilfreich es dafür ist, einen Raumerfrischer direkt neben das Katzenklo zu stellen? Ich kann Dich zwar verstehen, schließlich willst Du keine unangenehmen Gerüche haben, aber damit sorgst Du dafür, dass Deine Katze das Katzenklo meiden wird. Es erfüllt schließlich nicht mehr seinen Zweck. Dasselbe gilt übrigens für parfümiertes Katzenstreu.
4. **Zu viel des Guten**: Wer kennt ihn nicht, den Spruch „Viel hilft viel". Beim Thema Katzenstreu ist er allerdings fehl am Platz. Viele Katzenklos sind nämlich mit viel zu viel Katzenstreu befüllt, was vielen Katzen nicht gefällt. Gerade langhaarige Katzen wie Deine Sibirische Katze mögen es nicht, wenn ihre Haare das Katenstreu berühren (erinnere Dich an die vielen Rezeptoren in den Haarfolikeln!). Ich empfehle, zu Beginn nicht mehr als 2 bis 5 Zentimeter einzufüllen und dann auszuprobieren, was Deiner Katze am besten gefällt.

5. **Zu klein**: Neben der Höhe des Katzenstreus ist häufig die Länge des Katzenklos ein Problem. Deine Katze muss sich wohl fühlen und dafür ist es wichtig, dass sie sich ohne Probleme im Katzenklo drehen und wenden kann. Ich persönlich empfehle eine Mindestlänge von der eineinhalbfachen Körperlänge. Frage daher den Züchter, wie groß das Muttertier ist, um schon von Anfang an ein passendes Katzenklo zu Hause zu haben. Gerade bei Sibirischen Katzen muss es größer sein, als den meisten Haltern lieb ist.
6. **Zu versteckt**: Katzen mögen keine Katzenklos, die in Sackgassen stehen. Stelle es daher immer so gut es geht an freien Orten auf. Dasselbe gilt für überdachte Katzenklos. Deine Katze steckt dort automatisch in der Falle. Kaufe entweder gar nicht erst eines mit Dach oder montiere es ab. Von einer Dekoration mit Blumen, Figuren oder Sonstigem rate ich Dir ebenfalls ab. Das mag zwar für Dich schöner aussehen, Deine Katze wird es aber mit großer Wahrscheinlichkeit davon abhalten, das Katzenklo weiter zu benutzen.

7. **Zu dreckig**: Katzen mögen es nicht, verschmutzte Katzenklos zu benutzen – was für ein Wunder bei Tieren, die den Großteil des Tages damit verbringen, sich zu putzen. Dennoch sehe ich immer wieder Katzenklos, die seit Tagen nicht gereinigt wurden. Auch wenn es eigentlich selbstverständlich sein sollte, sage ich es jetzt nochmal ausdrücklich: Du musst die Katzenklos einmal am Tag schippen. Das andere Extrem ist allerdings auch nicht hilfreich. Es gibt tatsächlich Halter, die das Katzenklo jeden Tag komplett leeren und desinfizieren und sich dann wundern, dass ihre Katzen überall hinpinkeln. Du musst verstehen, dass das Katzenklo für Deine Sibirische Katze ein Duftmarker ist, daher muss es auch immer nach ihr riechen. Ein zu extremes Säubern geht immer nach hinten los. Es reicht vollkommen aus, das Klo einmal im Monat komplett zu leeren und es anschließend mit heißem Wasser auszuspülen. Bitte verwende auf keinen Fall eine Seife dafür, ihr Duft wird Deiner Katze nicht gefallen. Heißes Wasser reicht aus! Für die tägliche Reinigung reicht es

vollkommen aus, wenn Du das Geschäft Deiner Katze mit einer Schippe entfernst.

Sollte Deine Katze das Katzenklo nicht nutzen, gehe die vorherigen Tipps einen nach dem anderen durch und überprüfe, ob es für Deine Sibirische Katze ein Hindernis gibt. Kannst Du nichts erkennen und hat sich auch sonst nichts Gravierendes am Rhythmus Deiner Katze geändert, solltest Du den Tierarzt aufsuchen, um abzuklären, dass es keine körperliche Ursache gibt.

EINE TRANSPORTBOX NUTZEN

Für jeden Katzenbesitzer sollte es selbstverständlich sein, seine Katze regelmäßig zum Check-Up zum Tierarzt zu bringen. Gerade bei Deinem Kitten wird dies nötig sein, denn es stehen wahrscheinlich noch ein paar Impfungen aus. Da jedoch die wenigsten Tierärzte Hausbesuche anbieten, musst Du eine Möglichkeit finden, Deine Katze sicher zum Tierarzt zu bringen und genau dafür bietet sich die Transportbox an.

Doch schon beim Kauf können die ersten Fehler auftreten. Gerade bei einer so großen und schweren Rasse wie der Sibirischen Katze musst Du darauf achten, dass die Box groß genug ist und auch ein Gewicht von bis zu 8 Kilogramm aushält. Als Material empfehle ich immer Hartplastik, da sich Deine Katze hier nicht festkrallen oder -beißen kann.

Außerdem sollte die Transportbox über zwei Öffnungen verfügen. Die Tür vorne kann von Deiner Katze im Idealfall genutzt werden, um selbstständig rein und wieder raus zu gehen. Beim Tierarzt angekommen, zeigen sich leider die wenigsten Katzen so kooperativ. In diesem Fall ist ein abnehmbarer Deckel Gold wert. Denn dieser kann beim Tierarzt geöffnet und die Katze problemlos herausgeholt werden.

Manche Katzen werden übrigens ruhiger, wenn die Box während des Transports mit einem Tuch abgedeckt wird. Achte aber darauf, dass der Stoff nicht zu schwer ist und noch genügend Luft durchkommt – das ist insbesondere bei warmen Temperaturen wichtig. Hierfür sind ebenfalls Belüftungsschlitze an den Seiten der Box sehr hilfreich.

Die bei vielen so beliebten Weidenkörbe sind beim Tierarzt meist gar nicht gern gesehen. Das liegt zum einen daran, dass sich die Katzen in dem Weidengeflecht hervorragend festkrallen können. Zum anderen verfügen diese Körbe meist nur über eine Öffnung. Das hat zur Folge, dass ängstliche oder aggressive Katzen kaum bis gar nicht aus den Körben herauszuholen sind. Sie fühlen sich vom Tierarzt bedrängt und in die Ecke getrieben, was den Stress noch mehr erhöht und die Situation weiter verschlimmert. Zu guter Letzt sind Kunststoffkörbe auch leichter zu reinigen.

Willst Du Deiner Samtpfote den Transport noch etwas angenehmer machen, legst Du den Korb mit einer Decke oder einem Kissen aus. Noch besser ist es natürlich, wenn Du ein getragenes T-Shirt von Dir hineinlegst, denn Dein Duft kann Deine Katze beruhigen. Behalte aber im Kopf, dass alles während des Transports beschmutzt werden kann.

Doch wie gewöhnst Du Deine Katze an die Transportbox?

Mit Deinem Kitten hast Du das große Glück, dass es in seinem Leben wahrscheinlich noch nicht allzu viele schlechte Erfahrungen mit Transportboxen gesammelt hat. Es steht diesen im Idealfall vollkommen neutral gegenüber.

Stelle die Box daher einfach in einen Raum (z.B. das Wohnzimmer) und lege ein getragenes T-Shirt und eine Decke von Dir in die Box. Die Box sollte möglichst gemütlich eingerichtet sein. Jetzt heißt es abwarten. Wie reagiert Dein Kitten auf die Box? Früher oder später wird es sie erkunden und genau dann bist Du gefragt. Lobe es und gebe ihm ein Leckerchen. Zeige ihm, dass die Box ein toller Ort ist. Nutze sie vielleicht zu Beginn auch für Spiele.

Sollte Dein Kitten nicht von alleine auf die Box zugehen oder schon schlechte Erfahrungen gesammelt haben, dann hilft Bestechung. Werfe immer wieder Leckerchen in die Nähe der Box. Jedes Mal, wenn Deine Katze ein Leckerchen frisst, fliegt das nächste etwas näher heran und so weiter und so fort.

Auf keinen Fall darfst Du Dein Kitten in die Box schubsen, heben oder schieben. Lasse es von sich aus die Entscheidung treffen, die Box zu erkunden. Ich weiß, dass das schon mal länger dauern kann, als Dir lieb ist. Aber glaube mir, es wird sich später um ein Vielfaches auszahlen. Bei besonders ängstlichen Katzen hilft es, zu Beginn den

Deckel abzunehmen und sie erst mit der Zeit an den Deckel zu gewöhnen.

Hat Dein Kitten die Box als Schlaf- und Ruhestätte akzeptiert, kommt der nächste Schritt. Zeige ihr, dass es vollkommen in Ordnung ist, wenn Du die Türe schließt. Gehe auch das mit Hilfe von Futter an. Lasse Deine Katze beispielsweise ihre nächste Fütterung in der Box vornehmen. Schließe währenddessen kurz die Tür und öffne sie wieder. Du kannst die Tür auch immer wieder kurz schließen, wenn Deine Katze entspannt in der Box liegt. Verlängere dabei langsam aber sicher die Zeitabstände.

Sobald Deine Katze in Seelenruhe akzeptiert, wenn Du die Tür schließt, kannst Du austesten, wie sie reagiert, wenn Du die Box anhebst. Gehe hier behutsam vor und achte genau auf ihre Körpersprache. Setzte ebenfalls wieder Futter als Belohnung ein. Klappt das Anheben einwandfrei, kannst Du mit ihr ein paar Schritte gehen. Auch das erfordert wahrscheinlich wieder viel Geduld und Wiederholung. Gewöhne Deine Katze daran, von Dir in der geschlossenen Box durch die Wohnung getragen zu werden.

Klappt auch das, gehen wir noch einen Schritt weiter. Trage Deine Katze das nächste Mal ins Auto. Starte dieses aber noch nicht, sondern lasse sie die neue Umgebung durch die Box auf sich wirken. Verlasse nach 1 bis 2 Minuten das Auto wieder und gehe zurück in die Wohnung. Wiederhole die

Übung so lange, bis sich Deine Katze auch im Auto vollkommen ruhig verhält. Der nächste Schritt lautet, den Motor anzuschalten und eventuell einen Meter vor und wieder einen Meter zurück zu fahren. Wie reagiert Deine Katze? Halte die Abstände mit laufendem Motor am Anfang sehr kurz. Für Deine Katze wird das eine ganz neue Erfahrung sein und Überforderung ist dabei nicht gut.

Wenn sie sich langsam an den laufenden Motor gewöhnt hat, kannst Du mit ihr eine Runde um den Block fahren. Hierbei dürfen gerne und ausgiebig wieder Leckerchen zum Einsatz kommen, damit Deine Katze möglichst entspannt bleibt und die Fahrt als etwas Positives verknüpft.

Sollte Dein Kitten mal mit der Situation überfordert sein, brichst Du die Übung sofort ab und beginnst am nächsten Tag wieder mit einem Schritt davor. Erst, wenn dieser reibungslos funktioniert, kannst Du es nochmal mit dem gescheiterten Schritt probieren. Oft hilft es, die Katze vorher durch ein aufregendes Jagdspiel etwas zu ermüden, dann ist sie etwas gelassener in neuen Situationen.

Ich weiß, dass die von mir beschriebene Vorgehensweise sehr langsam ist und Du wahrscheinlich mit dem Gedanken spielst, ein paar Schritte zu überspringen. Überlege es Dir jedoch gut! Wenn Deine Katze einmal eine traumatische Erfahrung mit der Transportbox erlebt hat, wird es deutlich schwieriger, dieses Trauma zu überwinden, als sie mit meinem Verfahren an die Box zu gewöhnen.

Ein Tipp noch zum Abschluss: Wenn sich Dein Kitten an die Transportbox gewöhnt hat, solltest Du sie nicht nur verwenden, um damit zum Tierarzt zu fahren. Unternehme ab und an mal kleine Ausflüge in die Umgebung mit Deiner Katze, damit sie gar nicht erst die Verknüpfung herstellt, dass Transportbox immer gleich Tierarzt und damit lästige Untersuchungen und fiese Spritzen bedeutet.

Besonderheiten bei Deiner Sibirischen Katze

Deine Sibirische Katze ist, wenn sie einmal ausgewachsen ist, eine große und schwere Katze. Dementsprechend solltest Du unbedingt eine große und stabile Transportbox wählen. Je größer, desto besser, denn dann fühlt sich Deine Katze deutlich wohler.

Durch ihre enge Bindung zu Dir als Mensch funktioniert bei dieser Rasse der Trick mit dem getragenen T-Shirt in der Box besonders gut und wirkt durchaus beruhigend auf Deine Katze – ich kann es Dir daher nur empfehlen. Nimm aber niemals Dein Lieblingsshirt, denn die Wahrscheinlichkeit ist groß, dass es einen Besuch beim Tierarzt nicht komplett unbeschadet übersteht.

VERMEIDUNG UNERWÜNSCHTEN VERHALTENS

Katzen sind keine Maschinen! Daher kommt es immer wieder dazu, dass sie ein Verhalten an den Tag legen, das uns nicht gefällt. Überraschenderweise liegt der Ursprung für dieses sogenannte „Fehlverhalten" selten bei den Katzen selbst, sondern geht häufig von uns – ihren Haltern – aus.

Auf den nächsten Seiten gebe ich Dir einige Tipps, wie Du mit den häufigsten Problemen umgehen kannst. Du wirst schnell erkennen, dass es meist auf die immer gleiche Herangehensweise herausläuft, nämlich die kombinierte Nein-Ja-Methode. Wenn Du ein Verhalten nicht gern hast, sorge dafür, dass es für Deine Katze unattraktiv wird. Vergiss dabei aber nicht zu analysieren, was das Bedürfnis hinter diesem Verhalten ist und biete ihr genau dafür eine Alternative an, die Dir besser gefällt.

Die Probleme, die wir explizit besprechen, sind die folgenden:

- Meine Katze beißt und kratzt ständig
- Meine Katze nervt mich immer
- Meine Katze zerstört meine Möbel
- Meine Katze meidet ihr Katzenklo
- Meine Katze ist sehr ängstlich

Zum Abschluss gibt es noch ein paar nützliche Kurz-Tipps für weitere Probleme, die häufig an mich herangetragen werden.

BEIßEN UND KRATZEN

Wer mit einer Katze in einem Haushalt lebt, wird unweigerlich bluten – das ist normal. Es sollte sich dabei allerdings um die Ausnahme und in keinem Fall um die Regel handeln. Wenn Du merkst, dass Du Dich langsam von Deiner Katze distanzierst, dass Du oder Freunde und Bekannte sie als „Teufelsvieh" bezeichnen, weil sie alles und jeden beißt und kratzt, der ihr zu nahe kommt, dann ist dringender Handlungsbedarf angesagt (am besten ist es natürlich, Du beginnst mit den Maßnahmen schon bevor es überhaupt soweit kommt!).

Wichtig für Dich ist in dieser schwierigen Zeit: Erinnere Dich immer daran, dass Katzen nicht bösartig sind und grundsätzlich nicht zu schlechtem Verhalten oder gar Hass neigen. In der Regel gibt es immer einen Grund und es gibt auch immer eine Vorabwarnung (die von uns Menschen aber meist nicht erkannt und erst recht nicht beachtet wird). Keine Katze kratzt und beißt, ohne dass es für sie der letzte Ausweg ist. Mir ist es wichtig, dass bei allem, was Du machst, im Vordergrund steht, dass ihr zwei wieder ein Team werdet und das geht nur, wenn Du Deiner Sibirischen Katze gegenüber noch offen bist und sie nicht schon komplett abgeschrieben hast.

Als allererstes sollten wir ausschließen, dass es irgendwelche körperlichen Gründe für das Verhalten Deiner Katze gibt. Ist sie beispielsweise immer aggressiv, wenn sie an einer bestimmten Stelle angefasst wird? Oder fällt Dir sonst etwas auf, das auf eine Verletzung oder Krankheit hindeuten kann? Wenn ja, solltest Du unbedingt einen Tierarzt aufsuchen. Manchmal sind Katzen nur deshalb aggressiv, weil sie große Schmerzen haben und es uns nicht mitteilen können.

Ist Deine Katze gesund, geht die Detektivarbeit los. Ich empfehle jedem, erstmal für einen bestimmten Zeitraum (z.B. eine Woche) ein detailliertes Tagebuch zu führen. Schreibe dabei genau auf, wann Deine Katze aggressiv wurde und was genau passiert ist. Bleibe dabei auf jeden Fall sachlich und beschreibe den Vorfall so, wie es ein unabhängiger Detektiv ebenfalls tun würde. Notiere Dir genau die Uhrzeit und zeichne am besten auch in einer Skizze Deiner Wohnung ein, wo genau die Tat stattfand. Trage ebenfalls ein, wann, wo und wie lange Du mit Deiner Sibirischen Katze gespielt hast. Sei präzise und schaue Dir nach einer Woche Deine Unterlagen an. Jede Interaktion mit Deiner Katze sollte darin vorkommen.

Fällt Dir etwas auf? Passieren die Attacken beispielsweise immer am selben Ort (z.B. dem Fenster oder von unter dem Tisch) oder vielleicht zur selben Zeit (z.B. direkt nach dem Aufstehen oder wenn Du von der Arbeit nach Hause kommst)? All das sind Indizien, die uns weiterhelfen können, herauszufinden, was genau hinter dem Verhalten Deiner Katze steckt.

Wenn die Attacken immer zur selben Zeit passieren: Alles deutet darauf hin, dass Deine Katze zu dieser Zeit immer ein reines Energiemonster ist und kurz davor ist, zu platzen – was sie durch Kratzen und Beißen zeigt. In den meisten Fällen sind das genau die Zeiten, in denen Du selbst sehr aktiv bist und viel zu tun hast. Vielen fällt es schwer, beispielsweise in den 1,5 Stunden morgens Zeit für ihre Katze zu finden und mit ihr zu spielen. Doch wenn Deine Sibirische Katze genau dann ihr aggressives Verhalten zeigt, ist es eine Pflicht für Dich, auch zu dieser Zeit mindestens 15 Minuten Jagen – Fangen – Töten – Fressen – Ruhen einzubauen. Du musst Deiner Katze ein Ventil geben, um ihre überschüssige Energie loszuwerden. Tust Du es nicht, wirst Du Dich mit dem Kratzen und Beißen abfinden müssen.

Wenn die Attacken immer am selben Ort passieren: Das kann bedeuten, dass Deine Katze ihre Aggressionen auf Dich umrichtet. Tritt das Kratzen zum Beispiel meist am Fenster auf, kann es sein, dass sie von diesem aus freilaufende Katzen beobachtet und mit Aggression auf diese reagiert. Da sie an die Katzen draußen jedoch nicht herankommt, entlädt sich die Aggression bei der nächstbesten Person, die im Zweifelsfall Du bist. Versuche in diesem Fall zu verhindern, dass die fremden Katzen in die Nähe des Fensters kommen (besserer Zaun, Wasserpistole, Geräuschalarm etc.). Deine Katze fühlt sich in diesem Fall in ihrem Territorialanspruch bedroht und hier hilft wirklich nur, die Konkurrenten aus ihrem Blickfeld zu verbannen.

Tritt die Aggression beispielsweise häufig auf, wenn Deine Katze unter dem Tisch sitzt und Du oder jemand anderes an diesem Tisch vorbei gehen, hat dies eine ganz andere Ursache. In diesem Fall wird bei Deiner Katze die innere Raubkatze aktiv, wenn sie sich in einem sicheren Versteck befindet und sieht, wie Beute vorbeiläuft. In diesem Fall empfehle ich Dir, die Spiele mit Deiner Katze nicht mehr in der Raummitte, sondern eben genau unter dem besagten Tisch zu beginnen. Zeige ihr, dass Du ihr Jagdverhalten gutheißt, aber biete ihr eine Alternative zu Deinen Knöcheln.

Wie Du merkst, ist Spielen tatsächlich kein Luxus, sondern eine Notwendigkeit. So wie das Gassi gehen beim Hund selbstverständlich dazugehört, muss mit einer Katze mehrmals am Tag gespielt werden. Das Bedürfnis Jagen – Fangen – Töten – Fressen – Ruhen steckt in jeder Miezekatze. Wenn Du ihr nicht ein passendes Ventil für dieses Bedürfnis lieferst, wird sie sich selbst eines suchen – und das wird Dir nicht immer gefallen.

In manchen Fällen sind die Probleme mit Beißen und Kratzen aber auch hausgemacht. Gerade bei kleinen süßen Kitten verwenden viele am Anfang die Hände, um mit ihnen zu spielen. Es wird als putzig empfunden, wenn das kleine Kitten mit der Pfote nach der Hand schlägt. Wenn dasselbe später allerdings von einer 8 Kilogramm schweren Katze gemacht wird, gilt es gleich als aggressiv. Aber woher soll

Deine Sibirische Katze wissen, dass sie das, was sie als Kitten tun durfte und was von Dir gefördert wurde, als erwachsene Katze zu unterlassen hat? Gar nicht! Aus diesem Grund rate ich Dir wärmstens davon ab, jemals Deine Hände als Spielgerät und erst recht als Beute zu verwenden. Auch alle anderen Hausbewohner und natürlich Besucher müssen sich an dieses ungeschriebene Gesetz halten.

Ein weiteres hausgemachtes Problem ist die Überstimulation. Wir haben bereits darüber gesprochen, dass Katzen durch falsches oder zu langes Streicheln eine Überstimulation bekommen. Und diese äußert sich in den meisten Fällen in dem Einsatz von Klauen und Zähnen. Sobald Du daher an der Körpersprache Deiner Katze erkennst, dass sie genug gestreichelt wurde, musst Du sofort aufhören. Das kann manchmal schon nach wenigen Sekunden der Fall sein. Hörst Du dann nicht auf, ist es Deine eigene Schuld, wenn Du gekratzt oder gebissen wirst.

Und zu guter Letzt empfehle ich immer, die Krallen Deiner Katze regelmäßig zu trimmen, dann tut es weniger weh. Außerdem möchte ich Dich nochmal daran erinnern, niemals mit Schimpfen oder Bestrafen auf Deine Katze zu reagieren. Deine Katze wird es nicht verstehen und es wird eurer Beziehung massiv schaden. Lasse es daher sein und ertrage es einfach, ohne eine große Reaktion zu zeigen. Ich weiß, dass das nicht immer leicht ist, aber es hat auch niemand behauptet, dass es so ist.

Besonderheiten bei Deiner Sibirischen Katze

Deine Sibirische Katze wird zu einer großen Katze heranwachsen, daher ist es bei ihr besonders wichtig, dass Du niemals die Hände als Spielzeug einsetzt. Außerdem ist sie sehr aktiv und ihr Energielevel steigt schnell an – schneller auch als bei manch anderer Rasse. Daher kann es sein, dass bei ihr der Punkt, an dem sie zubeißt oder kratzt, schneller erreicht ist, als bei Vertretern anderer Rassen. Achte ganz genau auf die Anzeichen und reagiere sofort.

Außerdem solltest Du möglichst früh bemerken, wenn ein Aggressionsproblem vorliegt und mit der Detektivarbeit beginnen. Denn große Katzen bedeuten meist auch größere und tiefere Wunden.

PAUSENLOSES NERVEN

Wer kennt das nicht? Eigentlich willst Du entspannt Deine Zeitung lesen, aber Deine Katze springt unermüdlich auf Deinen Schoß, den Esstisch oder miaut pausenlos, bis Du Dich ihr endlich zuwendest. Oder Deine Katze erklärt regelmäßig und pünktlich um 3:12 Uhr die Nacht zum Tag oder sie wirft Deine Bücher aus dem Regal.

Bringen Dich diese Momente nicht auch manchmal zur Weißglut?

Ganz ehrlich? Ich kann Dich verstehen, aber auch Deine Katze. Ihr Verhalten ist in den meisten Fällen ein verzweifelter Versuch, ihre Langeweile zu vertreiben.

Um der Sache Herr zu werden, beginnen wir wieder mit der Detektivarbeit und dem Tagebuch führen, wie ich es bereits im vorherigen Kapitel beschrieben habe. Benenne darin alles, was Dir auffällt, wann und wo es passiert und natürlich wann Du wo was mit ihr gespielt hast. Erkennst Du darin ein Muster? Ist sie immer nervig, wenn im Haushalt auch das allgemeine Energielevel steigt? Auch hier gilt wieder: Mache das ausgiebige und abwechslungsreiche Spielen zur täglichen Routine und das am besten immer zu den gleichen Zeiten.

Beim Runterwerfen von Gegenständen kann es sich aber tatsächlich auch um ein Versehen handeln. Schmeißt Deine

Katze beispielsweise immer Bilder vom Kaminsims, wenn sie probiert, zu ihrem Fensterplatz zu gelangen? Oder die Müslipackung vom Kühlschrank, wenn sie beim Frühstück dabei sein will? Analysiere die Situation, sage Nein zum unerwünschten Verhalten, biete ihr aber auch immer eine Alternative an.

Kommen wir zu einem der größten Krisenherde: Deine Katze lässt Dich nachts nicht schlafen, sondern hüpft auf Dein Bett, miaut stundenlang oder kratzt an der Tür. Schlafentzug weckt die dunkelste Seite in uns und lässt Gelüste bezüglich unserer Katze aufkommen, die für keine Beziehung förderlich sind.

Das erste, was Du Dir klar machen musst, ist, dass Katzen entgegen der gängigen Meinung nicht nachtaktiv sind. Katzen schlafen nachts genauso wie wir. Allerdings stimmt es, dass sie dämmerungsaktiv sind. Mit der richtigen Erziehung bekommst Du aber jede Katze dazu, die Nacht normal durchzuschlafen. Nicht mehr durchzuschlafen ist daher nicht der Preis, den Du zahlen musst, nur weil Du Dich für eine Katze als Haustier entschieden hast!

Wie gehst Du vor?

Am besten startest Du wie immer mit dem Fressen. Füttere Deine Katze das letzte Mal ca. eine Stunde bevor Du selbst schlafen gehst. Und was tust Du davor? Richtig – Du ermöglichst Deiner Katze eine wirklich ausgiebige Runde Jagen – Fangen – Töten – Fressen – Ruhen. Lasse Dir diesmal wirklich Zeit, bringe Deine Katze zur Ermüdung und spiele dann noch eine (diesmal sehr kurze) Runde mit ihr. Danach heißt es fressen, dann wird sie sich wahrscheinlich ausgiebig putzen und danach in einen tiefen und langen Schlaf fallen.

Darüber hinaus solltest Du darauf achten, dass Deine Katze lernt, immer dann aktiv zu sein, wenn es auch alle anderen im Haus sind (damit eure Energielevel übereinstimmen). Steht ihr alle auf, lädt sich ihre Energie auf, und Du gibst ihr ein Ventil zum Entladen. Dasselbe gilt fürs nach Hause kommen, eventuell Kochen und ins Bett gehen. Immer, wenn Du in Aktion bist, sollte auch Deine Sibirische Katze eine Möglichkeit erhalten, ihre Energie abzubauen. Dasselbe gilt dann nämlich auch für die Ruhe-Phasen: Immer, wenn Du ruhst, wird auch Deine Sibirische Katze ruhen.

Kommen wir zur größten Herausforderung: Dem Ignorieren. Es wird wahrscheinlich zwei, vielleicht auch drei Wochen dauern, in denen Dich Deine Katze nachts noch wecken wird, obwohl Du Dich an die vorherigen Tipps gehalten hast. Du musst in diesen Wochen stark sein und alles ignorieren, was Deine Katze macht. Du darfst ihr unter keinen Umständen Aufmerksamkeit schenken, sondern bleibst bewegungslos in Deinem Bett liegen. Bestätige ihr Verhalten niemals damit, dass Du ihr jetzt Aufmerksamkeit schenkst. Ich weiß, wie hart diese 2 Wochen werden können – aber es lohnt sich.

Abschließend erlaube ich mir noch ein paar Worte: Die meisten Katzen, die ihre Menschen nerven, leiden einfach akut an Langeweile. Versetzte Dich in das Leben Deiner Katze und analysiere, wie ihr Tag gestaltet ist. Kannst Du ihrem Leben durch regelmäßiges Jagen – Fangen – Töten – Fressen – Ruhen mehr Abwechslung liefern? Wie sieht es mit dem Katzen-Kino aus? Ist die Wohnung katzengerecht gestaltet (mit Katzenautobahn, genügend Kratzbäumen etc.)? Wendest Du die Nein-Ja-Methode an?

So hart es klingen mag, liegen die meisten Ursachen für Fehlverhalten bei uns Menschen und nicht bei unseren Katzen. Diese gehen lediglich ihren natürlichen Bedürfnissen nach. Wenn wir sie nicht richtig befriedigen können, machen sie sich auf die ein oder andere Art Luft.

Besonderheiten bei Deiner Sibirischen Katze

Deine Sibirische Katze ist sehr menschenbezogen und aktiv. Daher macht sich bei ihr nerviges Verhalten sehr schnell breit, wenn sie nicht das Gefühl hat, von Dir ausreichend Aufmerksamkeit zu erhalten. Sie schleicht dann ständig um Dich herum, setzt sich vor den Computerbildschirm oder den Fernseher und sorgt mit allen Mitteln dafür, dass Du ihr Aufmerksamkeit schenkst.

Bei einer so sensiblen Katze ist es noch viel wichtiger, dass Du genügend Zeit mit ihr verbringst. Gerade morgens und wenn Du nach Hause kommst, muss es zur Routine für euch beide werden, dass ihr ausgiebig spielt. Und beim Spielen sollte Deiner Katze immer Deine gesamte Aufmerksamkeit gehören. Wer mit der einen Hand das Smartphone bedient oder mit einem Auge fernsieht, beschäftigt sich nicht richtig mit seiner Katze und das wird sie immer merken!

ZERSTÖRUNGSWUT

Kennst Du Katzenhalter, bei denen die Couch an manchen Stellen komplett zerkratzt ist und bei denen die Matratze regelmäßig ausgetauscht werden muss?

Wie bereits in einem vorherigen Kapitel beschrieben, ist Kratzen für Deine Katze ein wichtiges Bedürfnis und Du solltest sie nicht daran hindern. Deine Katze zerstört Deine Einrichtung nicht aus Böswilligkeit oder weil sie sich für etwas bei Dir rächen will. Der Anschein ergibt sich meist, weil Dein Liebling sich fürs Kratzen vorrangig für Deine Lieblingsorte entscheidet. Doch Du weißt jetzt, dass Kratzen ein Zeichen für selbstsicheres Markieren des Territoriums ist und dass Deine Katze dafür automatisch immer Orte bevorzugen wird, an denen Dein Duft am präsentesten ist – und das wird meist die Couch oder das Bett sein.

Du sollst dieses Bedürfnis nicht unterdrücken, was Du allerdings machen kannst, ist es in die richtigen Bahnen zu lenken. Denn Du solltest Dich auf keinen Fall damit abfinden, dass Du als Katzenhalter eine zerkratzte Couch in Kauf nehmen musst, dem ist nämlich nicht so. Ja, Katzen müssen kratzen, aber eben nicht unbedingt an Deinem Sofa, Deinem Bett oder Deinem Couchtisch.

Wie immer ist auch beim Thema Kratzen die kombinierte Nein-Ja-Technik das passende Problemlösungsmittel. Beginne dabei mit einer intensiven Analyse: Wo kratzt

Deine Katze? Wann kratzt sie? Welche Oberfläche hat das Kratzobjekt? Wie sicher ist der Stand? Wie groß ist die Kratzfläche?

Vergleiche diese Informationen mit Deinen vorhanden Kratzbäumen. Wo stehen diese? Aus welchem Material sind sie? Wie groß ist die Kratzfläche? Wie sicher stehen sie? Wackeln sie vielleicht, wenn Deine Katze sich an ihnen kratzen möchte? Allein das sorgt bei vielen Katzen schon dafür, dass sie sich lieber für das robuste, fest stehende Sofa entscheiden. Vergleiche den Kratzbaum genau mit dem Gegenstand, den Deine Katze am meisten bevorzugt. Nehmen wir einmal an, es ist Dein Sofa. Besorge dann einen Kratzbaum, der deutlich mehr Übereinstimmungen mit dem zerkratzten Sofa aufweist als der bisherige.

Als Nächstes geht es darum, Deine Katze vom Kratzen am Sofa abzuhalten. Wie Du mittlerweile weißt, musst Du dafür nicht laut Nein rufen, sondern kannst es auf eine viel bessere Art tun. Sorge dafür, dass das Sofa zum Kratzen uninteressant wird. Nutze dafür beispielsweise doppelseitiges Klebeband oder Alufolie. Beides wird Deiner Sibirischen Katze den Spaß verderben. Da dies aber nur temporäre Möglichkeiten sein sollten, musst Du Deiner Katze als Nächstes eine passende Alternative anbieten, womit wir bei dem neuen Kratzbaum sind.

Stelle diesen in unmittelbarer Nähe des Sofas auf. Dort verbringst Du viel Zeit und dort nimmt sie Deinen Duft wahr. Sorge dafür, dass der neue Kratzbaum sicher steht und groß genug ist. Messe dafür aus, wie weit sich Deine Sibirische Katze nach oben strecken kann. Ich empfehle, dass die Kratzfläche nochmal mindestens 15 bis 25 Zentimeter länger sein sollte. Als Bodenplatte hat sich bei mir übrigens eine Basis von mindestens 50 mal 50 Zentimetern bewährt.

Der letzte Schritt besteht darin, den neuen Kratzbaum für Deine Katze attraktiv zu machen. Zwinge sie auf keinen Fall, diesen zu benutzen, hebe sie nicht drauf oder reibe ihre Pfoten dagegen. Das wird rein gar nichts bringen, sondern wahrscheinlich noch dafür sorgen, dass sie ihn fortan meiden wird.

Viele Halter verwenden Katzenminze, um neue Gegenstände für ihre Stubentiger interessant zu machen. Meiner Erfahrung nach funktioniert Dein eigener Geruch jedoch viel besser. Reibe den neuen Kratzbaum daher ausgiebig mit einem getragenen T-Shirt oder einem benutzen Handtuch von Dir ein. Integriere ihn darüber hinaus in euer nächstes Jagdspiel und belohne Deine Katze jedes Mal mit Leckerchen, wenn sie sich ihm nähert oder gar benutzt. Sorge mit positiver Verstärkung dafür, dass sie lernt, dass der Kratzbaum etwas Gutes ist und ihn zu benutzten nur Vorteile für sie bringt (ganz im Gegenteil zu Deinem Sofa, an dem sie im Moment immer kleben bleibt). Sobald Deine

Katze den neuen Kratzbaum positiv assoziiert hat, kannst Du die Leckerchen langsam runterfahren und schließlich einstellen. Die Schutzmaßnahmen an der Couch kannst Du noch für eine kurze Zeit aufrechterhalten, dann aber auch langsam einstellen.

Besonderheiten bei Deiner Sibirischen Katze

Gerade bei der Rasse der Sibirischen Katze liegt der Grund für übermäßiges Kratzen an Möbelstücken häufig an der unzureichenden Größe von gängigen Kratzbäumen. Diese reichen oft nur für die Größe von jungen Kätzchen, aber mitnichten für eine ausgewachsene Sibirische Katze.

Sollte Deine Katze daher dazu neigen, gerade große und feststehende Möbelstücke zum Kratzen zu missbrauchen, kann es genau dran liegen.

Organisiere einen Kratzbaum, der der Größe und auch dem Gewicht Deiner Sibirischen Katze gerecht wird. Natürlich sieht solch ein großer Baum in den meisten Fällen nicht sehr schön aus, aber dieses Opfer musst Du in dem Fall bringen. Wenn Du Deiner Katze keine geeigneten Alternativen bietest, wird sie immer wieder Deine Couch oder Dein Bett zum Kratzen auswählen.

Pipi-Kaka-Problem

Ganz ehrlich: In fast neunzig Prozent der Fälle werde ich gefragt, was Halter gegen das ständige Urinieren ihrer Katze tun können. Kaum ein anderes Problemverhalten sorgt so schnell für Verzweiflung und auch Aggression, wie das Pipi-Kaka-Problem.

Im Gegensatz zur Zerstörungswut aus dem vorherigen Kapitel, ist das Pipi-Kaka-Problem meist kein Zeichen von selbstbewusstem Markieren, sondern von Unsicherheit, Stress und fehlendem Selbstbewusstsein.

Wenn ich einen halbwegs guten Job bisher gemacht habe, hast Du schon alle Mittel an der Hand, um das Problem alleine anzugehen. Da es sich hierbei allerdings um ein Problem handelt, das sehr schnell in Frustration und Hilflosigkeit mündet, will ich Dir auch diesmal wieder ein paar Tipps an die Hand geben. Wichtig für Dich zu wissen ist, dass es gerade hierbei sehr vom Einzelfall abhängt. Jede Katze ist anders, jede Wohnung und jede Familie auch – was es unglaublich schwer für mich macht, Dir auf den folgenden Seiten pauschale Antworten zu geben. Ich werde es aber dennoch versuchen und Dir noch mehr Tipps und Indizien liefern, die Dich näher an die Lösung Deines eigenen Problems heranführen.

Doch bevor Du die nächsten Seiten liest, solltest Du erstmal einige Seiten zurückblättern. Im Kapitel „Stubenreinheit" habe ich Dir 7 häufige Gründe genannt, wieso Katzen das Katzenklo meiden können. Erst wenn Du mit Sicherheit sagen kannst, dass keiner dieser 7 Gründe bei euch in Frage kommt, empfehle ich Dir, weiter zu lesen, denn oft kannst Du damit schon das Problem aus der Welt schaffen.

Liegt das Problem jedoch woanders, beginnst Du wie immer mit der intensiven Analyse. Wann und wo genau uriniert Deine Katze in die Wohnung. Erstelle eine Karte und zeichne für mindestens eine Woche alle Fälle auf. Notiere ebenfalls, was davor passiert ist.

In der Regel gibt es drei Gründe, wieso Deine Katze das Katzenklo nicht verwendet:

- Der erste ist territorialer Stress. Deine Katze ist alles andere als selbstbewusst und kompensiert dies mit übermäßigem Markieren. Die Bedrohungen können echt oder auch nur eingebildet sein, aber Deine Katze fühlt sich in keiner Weise als der rechtmäßige Herrscher über ihr Territorium.
- Es kann aber auch gesundheitliche Aspekte geben, wegen denen Deine Katze das Katzenklo nicht verwendet. Sobald Du auch nur den Verdacht hegst, solltest Du dies

unbedingt von einem Tierarzt abklären lassen.

- Und zu guter Letzt kann es auch an dem Katzenklo selbst liegen. In diesem Fall verrichtet Deine Katze ihr Geschäft nicht aus strategischen Gründen nicht im Katzenklo, sondern weil es ihr dort einfach nicht behagt. Das kann an einem frühen Trauma liegen, an der Beschaffenheit des Klos oder des Streus, an der Positionierung und so weiter.

Mithilfe dieses Wissens und aufbauend auf Deiner Analyse kannst Du anhand des „Tatorts" schon einige Rückschlüsse ziehen. Nachfolgend gebe ich Dir ein paar Beispiele:

- <u>Deine Katze pinkelt regelmäßig in Dein Badezimmer:</u> Egal ob Badewanne oder Waschbecken, dieses Verhalten deutet darauf hin, dass Deine Katze eine starke Antipathie gegen das Katzenklo pflegt. Vielleicht ist der Einstieg zu hoch, die Größe zu gering oder – was am wahrscheinlichsten ist – das Streu gefällt ihr nicht. Teste ein neues Katzenklo und/oder neues Streu.

- Deine Katze pinkelt mit großer Vorliebe auf Deine persönlichen Sachen: Dieses Verhalten ist keine Böswilligkeit, sondern ein absoluter Hilfeschrei. Deine Katze leidet in diesem Fall unter starkem territorialen Stress. Untersuche jetzt, was die Ursachen dafür sein können. Lebst Du in einem Mehrtierehaushalt und kann Deine Katze eventuell gemobbt werden? Gibt es ein neues Familienmitglied, einen neuen Partner oder hat ein Umzug stattgefunden? Überlege genau, was den Stress bei Deiner Katze verursacht haben könnte. Den Stress zu reduzieren (evtl. durch ein Basecamp) und Deine Katze langsam an den neuen Partner, das Baby oder die ungewohnte Umgebung zu gewöhnen muss Dein oberstes Ziel sein.
- Deine Katze pinkelt am liebsten auf für Dich wichtige Möbelstücke: Hier liegt ebenfalls territorialer Stress vor, da diese Möbelstücke meist sehr stark mit Deinem Geruch beladen sind. Manchmal kann es schon helfen, ein Katzenklo direkt daneben zu platzieren. Erforsche allerdings auch, ob es nicht noch weitere Auslöser – wie beim vorherigen Punkt beschrieben – geben

könnte. Stärke zudem das Selbstbewusstsein Deiner Katze durch ausgiebiges Spielen, das Du mehrmals am Tag wiederholst.

- Deine Katze bepinkelt (oder besprüht) Außenwände, Türen und Fenster: Die Ursache ist hier erneut territorialer Stress, allerdings wird dieser sehr wahrscheinlich durch freilaufende Katzen verursacht. Als oberste Priorität solltest Du sicherstellen, dass die freilaufenden Katzen nicht mehr in die Nähe des Hauses und vor allem der Fenster gelangen. Solange das nicht gewährleistet ist, wird Deine Katze ihr Territorium immer wieder mit neuen Duftquellen verteidigen. Platziere zusätzlich ihre eigenen Duftquellen in die direkte Nähe ihrer Markierstellen (also einen Kratzbaum oder ein Katzenklo). Dadurch ist ihr Duft dort ohnehin schon stärker vertreten und zusätzliches Markieren wird überflüssig.
- Deine Katze pinkelt häufig mitten in den Raum oder unter Tische und Stühle: Auch dieses Verhalten deutet auf territorialen Stress hin. Deine Katze fühlt sich unsicher und möchte während ihres Geschäfts alles im Blick behalten. Stärke unbedingt ihr

Selbstbewusstsein. Außerdem solltest Du Dir den Standort des Katzenklos nochmal genau anschauen. Gibt es Sackgassen? Kann sich Deine Katze dort wie in einer Falle fühlen? Ändere den Standort und verzichte unbedingt auf eine Abdeckung beim Katzenklo. Sollten noch andere Tiere (wie Katzen und Hunde) im Haushalt leben, musst Du sicherstellen, dass Deine Katze beim Benutzen des Katzenklos auf keinen Fall gemobbt wird oder in einen Hinterhalt gerät.

- Deine Katze erledigt ihr Geschäft immer in unmittelbarer Nähe zum Katzenklo: In diesem Fall ist meist eine Antipathie gegen das Katzenklo die Ursache oder es gibt gesundheitliche Gründe. Lasse Deine Katze hier unbedingt immer einmal vom Tierarzt durchchecken. Denn ihr Verhalten zeigt, dass sie weiß, dass sie eigentlich das Katzenklo benutzen soll, aber irgendetwas spricht ganz akut dagegen. Daher traut sie sich so nah heran, wie für sie möglich. Falls es eine Antipathie ist, solltest Du das Katzenklo unbedingt austauschen und auch das Streu wechseln. Probiere hier ausgiebig verschiedene Arten aus, denn alles deutet darauf hin, dass es für Deine Katze momentan einfach nicht angenehm ist, das Katzenklo zu benutzen.

Sollten Dir diese Tipps noch nicht weiterhelfen, habe ich abschließend noch ein paar Fragen für Dich, die ebenfalls in den meisten Fällen zur Lösung führen. Frage Dich immer: Wann hat das Problem angefangen und was hat sich kurz davor verändert?

Hast Du etwas am Katzenklo geändert? Den Standort, das Material, die Umgebung oder das Streu? Finde heraus, was Deine Katze an der neuen Situation stört und mache die Änderung rückgängig.

Hat sich etwas an Deinem Rhythmus geändert? Hast Du einen neuen Job, gibt es eine Baustelle vor dem Haus, hast Du ein neues Hobby? Analysiere alles, weswegen Du mehr oder weniger Zeit zu Hause verbringst oder sich Deine Zeit zu Hause verändert hat. Sibirische Katzen lieben immer gleichbleibende Routinen und wenn sich für sie zu viel auf einmal ändert, reagieren sie mit Stresssymptomen. Finde heraus, woran es liegt und mache Deine Katze behutsam mit dem neuen Rhythmus vertraut und stelle sicher, dass immer noch all ihre Bedürfnisse befriedigt werden.

Gibt es vielleicht eine neue Person in Deinem Leben? Neue Menschen (oder auch Tiere) können die Welt Deiner Katze schneller und stärker aus ihren Fugen reißen, als es Dir vielleicht bewusst ist. Katzen sind in dieser Beziehung viel empfindlicher als Hunde, was die meisten Halter jedoch nicht wissen. Gehe bei neuen Personen (oder Tieren) immer sehr vorsichtig und vor allen Dingen langsam vor. Es sollte keine plötzlichen und unvorbereiteten Aufeinandertreffen geben. Am besten ist es immer, dass Deine Katze lernt, den Geruch der neuen Person (oder des neuen Tieres) positiv zu verknüpfen (z.B. durch Duftquellen in der Nähe des Futternapfes), bevor es überhaupt zum ersten Aufeinandertreffen kommt. Hat dieses schon stattgefunden, empfehle ich, den Reset-Knopf zu drücken und nochmal von vorne anzufangen. Deine Katze und Dein neuer Partner müssen nicht beste Freunde werden, aber sie können lernen, einander zu tolerieren. Und darum sollte es Dir gehen.

Zum Abschluss noch ein paar absolute Tabus: Hebe Deine ausgewachsene Katze niemals hoch und trage sie zum Katzenklo. Halte sie niemals mit ihrem Gesicht in ihr Geschäft und sperre sie auch nie auf kleinem Raum mit ihrem Katzenklo ein, bis sie dieses endlich benutzt. Ja – all das habe ich schon erlebt und nichts davon hat zum gewünschten Ergebnis geführt. Auch das Anschreien und Bestrafen bringt rein gar nichts, also spare es Dir. Mache das Geschäft weg und gut ist.

Besonderheiten bei Deiner Sibirischen Katze

Gerade bei der Rasse der Sibirischen Katze ist überraschend oft die Größe des Katzenklos und auch die Einfüllmenge des Streus eine stark unterschätzte Ursache. Es klingt so einfach, aber häufig ist (wenn keine anderen Ursachen vorliegen) schon mit einem deutlich größeren Katzenklo das Problem gelöst. Wenn Deine Katze dann auch nicht mehr so tief einsinkt, dass ihr Fell das Streu berührt, ist sie in ihrem neuen Katzenklo rundum zufrieden.

Wichtig bei der Rasse der Sibirischen Katze ist ebenfalls der Standort des Katzenklos. Sie ist überaus menschenbezogen und genau aus diesem Grund verrichtet sie ihr Geschäft auch am liebsten ganz in unserer Nähe. Ich weiß, dass das nicht gerade angenehm ist, für Deine Katze ist es allerdings eine Art Liebesbeweis. Überprüfe bei dieser Rasse daher auch immer den Standort und frage Dich, ob er für Deine Sibirische Katze optimal gewählt ist.

ANGST VOR ALLEM UND JEDEM

Angstverhalten zu behandeln, ist die ganz hohe Kunst und das Gegenteil von einfach. Bei Angstverhalten muss Dir bewusst sein, dass Du in ganz kleinen Schritten vorgehen musst. Gegen Angstverhalten gibt es keine allgemeinen „Heilmittel“ und die Vorgehensweise muss meist ganz individuell bestimmt werden, da sich die Ursachen für ein und dasselbe Verhalten stark unterscheiden können.

Es ist für mich daher unglaublich schwer, Dir hierbei zu helfen, wenn ich nicht weiß, was dazu geführt hat und wie genau sich das Angstverhalten bei Deiner Katze zeigt. Damit Du Dich jedoch nicht allein gelassen fühlst, will ich Dir in diesem Kapitel ein paar Möglichkeiten aufzeigen, wie Du mit dem Angstverhalten Deiner Sibirischen Katze umgehen kannst. Ich habe mich für zwei der häufigsten Angstverhalten entschieden: den großen Trennungsschmerz und das anhaltende Verstecken und Verkriechen.

Trennungsangst ist eine der Ängste, die die wenigsten mit Katzen verbinden. Es gibt unzählige Ratgeber, die dieses Thema für Hunde behandeln, aber da Katzen nachgesagt wird, dass sie keine enge Bindung zu ihren Haltern aufbauen, wirst Du hierzu deutlich weniger Literatur finden. Doch die Angst ist da und tritt bei mehr Katzen auf, als viele denken. Manche Katzen zeigen es, indem sie aufgeregt ihren Menschen hinterherlaufen, bevor diese morgens das

Haus verlassen, manche putzen sich zwanghaft oder markieren das Bett oder die Couch und wieder andere treiben die Nachbarn durch ihr andauerndes Miauen in den Wahnsinn.

Bevor wir mit Maßnahmen anfangen, müssen wir wie immer zuerst die Situation analysieren. Bei Trennungsangst sind Kameras in der Wohnung extrem hilfreich. Schaue Dir an, wie Deine Katze reagiert, wenn Du das Haus verlässt und wann sie mit dem „Problemverhalten" beginnt. Notiere alles ganz genau.

Danach beginnt die Arbeit für Dich. Verlasse immer wieder für kurze Zeit die Wohnung. Das können zu Beginn bei besonders ängstlichen Katzen durchaus nur wenige Sekunden sein, das ist in Ordnung. Das Wichtigste bei dieser Übung ist die Wiederholung. Du musst jeden Tag mindestens 15- am besten 30-mal die Wohnung verlassen und nach einer kurzen Zeit wiederkommen. Damit vermittelst Du Deiner Katze, dass Dein Weggehen nichts Schlimmes für sie bedeutet. Entscheidend dabei ist, dass Du kein Theater darum machst, dass Du das Haus verlässt. Du gehst Dich vorher nicht verabschieden und Du begrüßt Deine Katze auch nicht, wenn Du zurückkommst. Du ignorierst sie regelrecht. Ich weiß, dass das nicht einfach ist, es ist aber ein zentrales Element der Angstbewältigung. Wenn Du Dich vorher von Deiner Katze ausgiebig verabschiedest, beförderst Du damit nur ihre Angst, denn Deine Katze wird

Dein schlechtes Gewissen spüren (glaube mir – das wird sie!) und allein deshalb schon etwas Schlimmes für sich befürchten. Je überschwänglicher Du sie bei Deiner Rückkehr begrüßt, desto mehr sorgst Du dafür, dass sie stundenlang vor der Tür wartet, nur um den Moment zu erleben, in dem Du wiederkommst. Willst Du das? Oder hättest Du es lieber, Deine Katze würde Deine Abwesenheit entspannt verbringen, statt angespannt vor der Wohnungstür auf Deine Rückkehr zu warten.

Jetzt fragst Du Dich bestimmt, wie lange Du diese Übung durchführen musst, oder? Lange! Das Tempo hierbei kann ich Dir nicht vorgeben, denn es hängt von Deiner Katze ab und davon, wie sie es annimmt. Die Zeitabstände Deiner Abwesenheit kannst Du langsam (im Tempo Deiner Katze) erhöhen. Außerdem solltest Du versuchen, unvorhersehbar zu werden. Verlasse das Haus nicht immer in derselben Routine wie z.B. Schuhe anziehen, Jacke anziehen, Schlüssel nehmen und Tschüss. Ziehe Dir die Schuhe oder die Jacke auch mal zwischendurch an, damit Deine Katze damit nicht mehr das Alleine sein verknüpft. Hole zwischendurch den Schlüssel und verlasse dann nicht die Wohnung.

Immer bevor Du das Haus für eine längere Zeit verlässt, führst Du ab sofort ein sehr ausgiebiges Jagen – Fangen – Töten – Fressen – Ruhen aus. Ich weiß, dass gerade morgens die Zeit dafür schon mal knapp ist, aber wenn Du willst, dass es Deiner Katze besser geht, führt hieran kein Weg vorbei.

Für Deine Katze hat dies gleich zwei Vorteile: Zum einen beflügelt das Spiel die innere Raubkatze Deiner Sibirischen Katze. Katzen, die Probleme mit dem Alleine sein haben, sind selten im Gleichgewicht mit ihrer inneren Raubkatze. Durch das intensive Spielen gerade vor dem Alleine sein stärkst Du sie. Das Fressen ist der zweite Vorteil. Damit kannst Du Deine Sibirische Katze ablenken, wenn Du das Haus verlässt und es hält Dich auch davon ab, Dich ausgiebig zu verabschieden.

Schaue Dir auch Dein Katzenkino genauer an. Hat Deine Katze genügend Unterhaltungsmöglichkeiten, während Du außer Haus bist?

Kommen wir zum nächsten Angstthema, dem andauernden Verstecken und Verkriechen. Du könntest fast meinen, dass Du gar nicht mit einer Katze zusammen lebst, da sie sich kaum zeigt. In diesem Fall hast Du es mit einem klassischen Angsthasen zu tun, dem Du äußerst behutsam beibringen musst, dass ihm die Welt noch so viel mehr zu bieten hat.

Der erste Schritt besteht auch hier wieder im Analysieren der Ist-Situation. Halte genau fest, wie sich Deine Katze verhält. Wo verkriecht sie sich? Welche Räume nutzt sie? Bis wohin traut sie sich vor?

Nehmen wir einmal an, Deine Katze verkriecht sich die meiste Zeit des Tages unter Deinem Bett und traut sich höchstens und auch nur mit eingeklemmtem Schwanz für kurze Zeit in einem circa 2 Meter Radius um das Bett herum raus. In diesem Fall empfehle ich Dir, den Radius Deiner Katze einmal mit Kreppband auf dem Boden zu markieren. Das hat gleich zwei Vorteile: Zum einen verdeutlichst Du Dir nochmal selbst, wie klein die Welt Deiner Sibirischen Katze momentan ist und zum anderen weißt Du, wo Du anfangen musst.

Setze am nächsten Tag den Futternapf genau auf die Linie und arbeite Dich danach Tag für Tag weiter vor. Rücke dafür den Napf am nächsten Tag nur ein kleines Stück über die Linie. Am nächsten Tag geht es noch ein kleines Stück weiter. Gehe aber wirklich nur in Zentimeterschritten vor. Alles andere wird Deine Katze sehr wahrscheinlich überfordern. Wenn Du das Gefühl hast, dass es Deiner Katze zu schnell geht, kannst Du den Napf auch immer erstmal für ein oder zwei Tage an dem neuen Standort lassen, bevor Du ihn weiter rückst. So erweiterst Du die Komfortzone Deiner Katze Schritt für Schritt. Eventuell ist es sinnvoll, die Fortschritte mit Kreppband-Markierungen auf dem Boden festzuhalten, damit Du sie genau kennst.

Beginne kurz darauf, wenn sich langsam die ersten kleinen Erfolge eingestellt haben, die Zufluchtsorte zu versperren. In unserem Beispiel ist es das Bett. Dieses solltest Du jetzt auf keinen Fall direkt unzugänglich machen, sondern auch hier behutsam vorgehen. Blockiere hier zunächst die Ecken, die für Dich am unzugänglichsten sind und an denen sich Deine Katze wahrscheinlich am häufigsten aufhält. Vergrößere diese Blockade Tag für Tag ein wenig, bis schließlich das gesamte Bett nicht mehr zugänglich ist.

Wichtig ist, dass Deine Katze plötzlich nicht komplett ohne Rückzugsort dasteht, daher musst Du ihr auf jeden Fall einen adäquaten Ersatz anbieten. Hier empfiehlt sich ein Katzenbett oder eine Katzenhöhle. Beides kannst Du gerne wieder mit einem getragenen T-Shirt von Dir auslegen, damit es für Deine Sibirische Katze leichter wird, es anzunehmen.

Ein weiterer wichtiger Behandlungsschritt bei Angstkatzen ist das Spielen. Katzen, die so verängstigt sind wie in unserem Beispiel, haben ein großes Problem mit ihrem Selbstbewusstsein und ihre innere Raubkatze kommt nur sehr selten zum Vorschein. Das müssen wir ändern und das geht am besten über Jagdspiele. Denn wie Du weißt, tritt damit die innere Raubkatze am deutlichsten hervor.

Das heißt für Dich: Gerade mit ängstlichen Katzen musst Du noch viel mehr spielen, als mit selbstbewussten. Sollte es zu Beginn nicht anders gehen, können die ersten Spiele noch unter dem Bett starten. Dein Ziel sollte es dabei jedoch sein, Deine Katze während des Spiels unter dem Bett hervorzulocken.

Ist sie hervorgekommen, bringst Du sie während des Spiels langsam und behutsam immer mal wieder in die Nähe ihrer auf dem Boden markierten Komfortlinie. Diese Linie zu erreichen und sie vielleicht sogar zu überschreiten, ohne dass es Deine Katze bemerkt, sollte Dein oberstes Ziel sein.

Beim Spielen ist Deine Katze so auf ihre Beute fixiert und so auf ihre selbstbewussten Vorfahren getrimmt, dass sie sich anders verhält als sonst. Selbst die größten Angsthasen können zum selbstbewussten Jäger mutieren. Nutze dieses Selbstbewusstsein in dem Moment, um die Welt Deiner Sibirischen Katze langsam aber sicher zu erweitern. So schaffst Du es, dem neuen, unbekannten Raum die Gefahr zu nehmen und ihn gleich positiv zu verknüpfen. Langsam aber sicher wird Deine Katze diesen neu entdeckten Lebensraum auch nutzen, wenn ihr nicht am Spielen seid oder es Futter gibt.

Dir muss jedoch bewusst sein, dass dies ein wirklich langlebiger Prozess ist, der meist nicht nach ein oder zwei Wochen erledigt ist. Wir sprechen hier eher von Monaten bis hin zu Jahren. Sollte Deine Katze nicht nur ängstlich sein, sondern an einer chronischen Angststörung leiden, schaffst Du es eventuell auch nicht alleine, sie daraus zu befreien. In diesem Fall lege ich Dir dringend nahe, einen Tierarzt oder einen Tierpsychologen zu kontaktieren. Hier helfen keine allgemeinen Tipps mehr, hier muss sich ein Profi alles genau anschauen und mit Dir zusammen eine Therapie ausarbeiten.

Woran erkennst Du die Angststörung? Deine Katze zieht sich immer mehr zurück, sie wird unsauber, schnurrt kaum noch, spielt nicht mehr und ist sehr schreckhaft. All das deutet auf eine chronische Angststörung hin. Natürlich kannst Du es erstmal alleine probieren, doch wenn das nicht hilft, solltest Du den Weg über Tierarzt oder Tierpsychologen gehen. Das Ziel der Behandlung wird dabei immer sein, die Bindung zwischen Dir und Deiner Sibirischen Katze zu stärken und ihr verkümmertes Selbstbewusstsein langsam wieder aufzubauen. Wenn das geschieht, nimmt auch die Angst langsam wieder ab.

Tipps um die Angst vor Besuchern zu reduzieren

Sollte sich Deine Sibirische Katze immer verkriechen, wenn Besuch kommt, deutet auch das auf ein akutes Angstverhalten hin. In diesem Fall kannst Du mehrere Maßnahmen unternehmen:

- Sage Deinem Besuch vorab, dass er nicht klingeln soll, sondern Dich bei seiner Ankunft über das Telefon informiert. Da viele Katzen schon ängstlich werden, wenn es nur klingelt, schaltest Du hiermit schon mal einen Angstfaktor aus.
- Verlasse die Wohnung (schließe auch die Haustür) und komme daraufhin gemeinsam mit Deinem Besuch in die Wohnung.
- Deine Katze wird vom Besucher ignoriert. Sie wird weder angeschaut, noch geht der Besuch auf sie zu oder spricht sie an. All das kann auf ängstliche Katzen bedrohlich wirken – daher ist Ignorieren ein sehr bewährtes Mittel.
- Der Besucher sollte sich eher ruhig verhalten. Das heißt, nicht laut reden oder stark gestikulieren.
- Steht während des Besuchs eine Fütterung an, wird die Fütterung durch den

Besuch übernommen. Hintergrund ist, dass Deine Katze eine positive Verknüpfung (Besuch = Futter = Gut) herstellt. Sollte keine Fütterung anstehen, kann der Besuch Deiner Katze ein besonderes Leckerchen anbieten. Dieses erhält er von Dir draußen vor der Tür und er bringt es herein. Die „Übergabe" sollte nicht direkt am Anfang erfolgen, sondern erst, wenn Deine Katze Zeit hatte, sich zumindest etwas an den Besuch zu gewöhnen.

- Stelle außerdem sicher, dass Deine Katze in dem Raum, in dem sich der Besuch am meisten aufhält, genügend Rückzugsräume hat. Insbesondere hohe Aussichtspunkte sind hierbei wichtig, damit Deine Katze den fremden Besuch mit etwas Distanz beobachten kann.
- Spiele mit Deiner Katze in der Nähe des Besuchers, auch das stärkt das Selbstbewusstsein und schafft eine positive Verknüpfung.

ALLGEMEINE TIPPS

Abschließend habe ich noch ein paar allgemeine Tipps für Dich. Ich habe hier die häufigsten Fragen zusammengefasst, mit denen ich regelmäßig konfrontiert werde:

- **Deine Katze belästigt mit großem Vergnügen gerade die Besucher, die Angst vor Katzen haben oder sie nicht mögen. Die anderen Besucher lässt sie links liegen:**
  Dieses Verhalten ist tatsächlich typisch für Katzen. Selbsternannte Katzenfreunde unter Deinen Besuchern schenken Deiner Sibirischen Katze wahrscheinlich mehr Aufmerksamkeit als ihr lieb ist. Aus dem Grund meidet sie dieses. Insbesondere, wenn sie sich beobachtet fühlt. Besucher, die Katzen nicht mögen oder fürchten, versuchen, diese meist nicht zu beachten, was das Interesse und den Ehrgeiz Deiner Katze weckt.
- **Deine Katze trinkt nicht aus ihrem Wassernapf, sondern am liebsten aus aufgedrehten Wasserhähnen:**
  Manche Katzen mögen kein stehendes Wasser. Das kommt zwar nicht so häufig vor, lässt sich aber nur schwer ändern. Hier

empfehle ich den Kauf eines Katzenbrunnens, denn Du wirst es Deiner Katze kaum abgewöhnt bekommen. Biete ihr daher eine Alternative zum Wasserhahn, damit Deine Wasserrechnungen nicht ins unermessliche ansteigen (erinnere Dich an die kombinierte Nein-Ja-Methode).

- **Deine Katze kann Deinen neuen Lebenspartner/Deine Lebenspartnerin nicht leiden:**
  Katzen zeigen uns sehr genau, wenn sie etwas nicht mögen, das gilt leider auch für Menschen. Sollte Deine Katze sogar zu extremem Verhalten neigen (z.B. Bepinkeln von Kleidung oder sogar Personen) ist hier in der Zusammenführung einiges schiefgelaufen. Die beiden werden zwar wahrscheinlich nie gute Freunde, aber wir können dafür sorgen, dass Deine Katze Deinen Lebenspartner zumindest zu tolerieren lernt. Als erstes legst Du beim Fressen immer ein getragenes T-Shirt Deines Partners neben Deine Katze. Damit sorgst Du dafür, dass sie die positive Erfahrung „Fressen" mit dem Geruch Deines Partners (oder Deiner Partnerin) verbindet. Wenn Du abends mit Deiner

Sibirischen Katze auf der Couch schmust, ziehst Du Dir vorher ebenfalls schnell ein T-Shirt über. Bei allem, was positiv ist, soll Deine Sibirische Katze den Geruch des neuen Partners aufnehmen. Zur selben Zeit sollte Dein Partner Deine Katze weitestgehend ignorieren und sich ihr auf keinen Fall aufdrängen. Wenn Du das Geruchstraining permanent anwendest (und vergesse dabei nicht, die T-Shirts immer wieder auszutauschen – der Duft sollte immer frisch sein), wird Deine Katze lernen, Deinen Partner zumindest zu tolerieren – vielleicht ist sogar mehr möglich.

- **Deine Katze ist auf einen Baum geklettert und kommt nicht mehr von alleine herunter:**

  Keine Panik, das ist kein Grund, gleich die Feuerwehr zu rufen oder selbst auf eine Leiter zu steigen. Es stimmt, dass Katzen anatomisch so gebaut sind, dass sie besser auf etwas hoch als runter klettern können – aber wenn sie wollen, kommen sie immer herunter. Habe also nur Geduld, spätestens wenn der Hunger ruft, wird sie wieder hinabsteigen.

- **Deine Katze klettert an Deinen Vorhängen hoch:**
  Auch hier greift wieder die kombinierte Nein-Ja-Methode. Mache das Hochklettern für Deine Katze unangenehm. Entweder, in dem Du auch hier doppelseitiges Klebeband anbringst oder die Vorhänge so befestigst, dass sie leicht herunterfallen. Denke aber auch daran, Deiner Katze eine passende Alternative anzubieten. Wieso klettert sie an den Vorhängen hoch? Will sie damit ans Fenster oder an ein Regal kommen? Dann stelle ihr einen Kratzbaum an einer strategisch günstigen Stelle auf und lobe sie überschwänglich, wenn sie diesen statt der Vorhänge benutzt.
- **Deine Katze hat sich einen ungeeigneten Ort zu ihrem Schlafplatz erkoren (wie beispielsweise das Waschbecken, den Wäschekorb oder die Waschmaschine:**
  Verwende erneut die kombinierte Nein-Ja-Methode. Sorge dafür, dass der Schlafplatz unattraktiv wird, biete ihr aber gleichzeitig eine ebenbürtige Alternative an.
- **Deine Katze verwendet immer wieder ein und dieselbe Pflanze als Katzenklo:**

Kläre zunächst ab, ob gegen die Nutzung des vorhanden Katzenklos etwas spricht. Wenn nicht, dann sorge dafür, dass die Verwendung der Pflanze als Katzenklo uninteressant wird. Was sehr gut funktioniert ist, die Erde sowie den gesamten Topf mit Alufolie zu umwickeln, denn Katzen mögen die Textur von Alufolie meist nicht. Auch etwas abgeriebene Zitronenschale wirkt schon mal Wunder. Denke aber auch daran, sofort eine Alternative anzubieten. Vertausche eventuell die Position der Pflanze mit der des Katzenklos.

- Kapitel - 6 -

Checklisten für den Start

Gerade, wenn Deine kleine Sibirische Katze Deine erste Katze ist, gibt es rund um ihren Einzug bei Dir viel zu beachten. Damit Du an dieser Stelle nichts übersiehst oder vergisst, gebe ich Dir hier einige Checklisten an die Hand, damit ihr beide einen perfekten Start habt.

Es gibt viel zu überlegen und zu beachten, damit Deine Sibirische Katze und Du alle Voraussetzungen für ein glückliches Katzen- und Menschenleben schafft. Die nachfolgenden Listen solltest Du am besten mehrfach durchgehen, um sicherzustellen, dass Du nichts vergessen hast.

Was erfährst Du dabei alles?

Zunächst gebe ich Dir die wichtigsten Vorabüberlegungen an die Hand, die Du klären solltest, bevor Du Dich überhaupt für ein Kitten entscheidest. Wenn Du diese Entscheidung getroffen hast, zeige ich Dir, was beim Katzenkauf zu beachten ist, welche Formalitäten auf Dich zukommen und was alles auf Deinem Einkaufszettel steht, um Dich einmal mit allem Nötigen für den Start einzudecken. Abschließend stelle ich Dir noch eine Checkliste zur Verfügung, mit der Du sicherstellst, dass Deine Umgebung auch kittensicher ist, damit Deinem kleinen Begleiter nichts passieren kann.

Vorabüberlegungen

Bevor Du Dich entscheidest, eine Sibirische Katze in Dein Leben aufzunehmen, gibt es einige Punkte zu beachten. Diese Punkte solltest Du auf jeden Fall vor der Anschaffung Deines Kittens klären, um sicherzustellen, dass Du Deiner Katze auch ein artgerechtes und glückliches Leben bieten kannst. Solltest Du Dir unsicher sein, ob Du alle Punkte ehrlich und vorbehaltslos erfüllen kannst, ist es vielleicht besser, noch etwas mit der Anschaffung zu warten und in der Zwischenzeit weitere Vorbereitungen zu treffen. Eine Sibirische Katze ist kein Kuscheltier, sondern ein lebendiges Wesen!

- ☐ Bist Du bereit, die nächsten Jahre eine Katze bei Dir zu haben und sie artgerecht zu versorgen?
- ☐ Ist Dein aktuelles Zuhause der richtige Ort für eine Sibirische Katze? Verfügst Du über genügend Platz? Denke daran, dass Du Dir eine große Katze zulegen wirst, die mehr Platz benötigt, als andere.
- ☐ Lässt sich Deine aktuelle Lebenssituation (z.B. Dein Beruf, Deine Urlaube, Dein soziales Umfeld, etc.) mit einer Katze vereinbaren? Was machst Du mit ihr, wenn Du mal länger nicht zu Hause bist?

- ☐ Fühlst Du Dich in der Lage, Dein Kitten wie in diesem Buch beschrieben zu erziehen, damit ihr beide ein glückliches Leben führen könnt? Bist Du stark genug, diesen süßen Augen zu widerstehen und in euer beider Interesse Nein zu sagen, wenn es nötig ist (und es wird häufig nötig sein)?
- ☐ Hast Du jeden(!) Tag genug Zeit, um Dich um Deine Sibirische Katze zu kümmern, mit ihr Jagdspiele zu simulieren und ihr Zeit zu widmen? Bedenke, dass Du Dich für eine verspielte Rasse entschieden hast, Zeit kann hier ein kritischer Faktor werden!
- ☐ Kannst Du die Kosten für Anschaffung, Erstausstattung, Futter, Tierarztbesuche, Versicherung, etc. stemmen?
- ☐ Hast Du überprüft, ob jemand in der Deiner Familie eine Katzenhaar-Allergie hat? Unzählige Katzen landen jedes Jahr im Tierheim, weil sich die Halter genau über diesen Punkt vorab keine Gedanken gemacht haben.
- ☐ Ist geklärt, wer in Deiner Familie welche Aufgaben übernimmt und sind alle damit einverstanden?
- ☐ Ist in Mietswohnungen geklärt, ob Katzen überhaupt in der Wohnung gehalten

werden dürfen? Überprüfe vorsichtshalber Deinen Mietvertrag.

- ☐ Bist Du körperlich fit und gesund genug, um eine Sibirische Katze für ihr gesamtes Leben zu versorgen und ihr gerecht zu werden? Denke auch mindestens 12 Jahre in die Zukunft!
- ☐ Bist Du Dir bewusst, dass eine Katze durchaus Dreck in Deinem Zuhause macht und überall Haare hinterlässt (und mit überall meine ich wirklich überall!)?
- ☐ Kannst Du Dich während der Anfangszeit rund um die Uhr (auch nachts) um Deine Sibirische Katze kümmern? Hast Du einen Plan aufgestellt, wie Du das die ersten Wochen schaffst?
- ☐ Hast Du Dich mit dem Gedanken angefreundet, Deine Wohnung demnächst mit mehreren Katzenklos, Kratzbäumen und Katzenautobahnen zu teilen? Bedenke, dass Du nichts von dem in den Keller oder Abstellraum verbannen kannst, sondern alles genau dort platzieren musst, wo Du und Deine Familie sich am meisten aufhalten. Deine Wohnung wird nie mehr so aussehen, wie Du es jetzt gewohnt bist!

KATZENKAUF

Vor und beim Katzenkauf werden viele Fehler begangen, die sich später rächen können und die eine nicht artgerechte und illegale Katzenzucht unterstützen. Zudem sind auch hier einige Vorbereitungen nötig, um die für Dich passende Katze zu finden und einen guten Start hinzulegen.

- ☐ Hast Du Dich umfassend über die Rasse der Sibirischen Katze informiert, Züchter im Internet recherchiert und einen vertrauenswürdigen Züchter (oder alternativ ein Tierheim) gefunden? Dieser Ratgeber ist nur eine Quelle, auf die Du Dich verlassen solltest.
- ☐ Hast Du Dir überlegt, ob es ein Männchen oder Weibchen werden soll?
- ☐ Hast Du schon einen Namen für Deinen kleinen Racker ausgewählt? Denke dabei auch an die Tipps in diesem Buch!
- ☐ Wenn Du beim Züchter kaufst, gibt es viele Punkte zu beachten:
    - Wie sehen die Kitten aus und wie verhalten sie sich?
    - Ist die Mutter anwesend und kümmert sie sich um ihre Kinder?

- Bietet der Züchter noch andere Katzenrassen zum Kauf an (kein gutes Zeichen!)?
- Wie sieht die Umgebung der Kitten aus? Ist sie sauber und artgerecht?
- Stellt der Verkäufer Dir Fragen über das zukünftige Leben seiner Sibirischen Katze und ist er an ihrem Wohlergehen interessiert?
- Ist der Preis realistisch oder unerwartet niedrig (auch das ist ein Zeichen dafür, dass hier etwas nicht stimmt)?
- Erhältst Du vom Züchter ausführliche Informationen, wie die Fütterung in den nächsten Wochen zu erfolgen hat, etc.?
- Gibt es einen schriftlichen Kaufvertrag mit den nötigen Angaben zum Verkäufer, Haftungsfragen, Kaufpreis, Übergabe, Stammbaum etc.?

☐ Wenn Du Deine Katze aus dem Tierheim holst, gibt es zusätzlich noch Folgendes zu beachten:

- Was hat sie für eine Vorgeschichte? Gab es eventuelle Traumata oder Erkrankungen?

  - ○ Ist etwas über die Elterntiere und / oder Halter bekannt (Krankheiten, Haltungsbedingungen, etc.)?
  - ○ Wie hat sich das Kitten seit seiner Ankunft im Tierheim entwickelt?
  - ○ Hat das Kitten zu anderen Tieren eine besonders enge Bindung aufgebaut?
  - ○ Welche Voraussetzungen musst Du erfüllen, um das Kitten zu adoptieren (ja, einige Tierheime geben ihre Tiere nicht einfach so heraus, sondern wollen sicherstellen, dass es ihnen nach der Adoption auch wirklich besser geht)?
  - ○ Denke auch hier daran, nach der Fütterung für die nächsten Wochen zu fragen. Auch in einem Tierheim solltest Du hierzu ausführliche Informationen erhalten.

- ☐ Hast Du mehrere Besuche beim Züchter / Tierheim eingeplant, um herauszufinden, ob Du und Deine Sibirische Katze auch wirklich gut zueinander passen?
- ☐ Ist es Dir erlaubt, vorab eine Decke und / oder Spielzeug beim Züchter / Tierheim zu platzieren, damit die Sachen den Geruch der „Heimat“ aufnehmen?

- ☐ Wie transportierst Du Deinen neuen Begleiter vom Züchter / Tierheim zu Dir nach Hause? Kennt Deine Sibirische Katze das Autofahren und die Transportbox? Hast Du etwas zum Reinigen des Autos zur Hand (für den Fall der Fälle)?

FORMALITÄTEN

Bei der Anschaffung eines Kitten ist einiges an Formalitäten und sonstigem Papierkram zu erledigen. Das ist wichtig, um hinterher keine böse (und teure) Überraschung zu erleben. Dies sind die wichtigsten Punkte, die Du unbedingt beachten solltest:

- ☐ Der Abschluss einer Haftpflichtversicherung für Dein Kitten ist sehr empfehlenswert (für den Fall, dass es etwas von jemand Fremdem beschädigt oder sogar jemanden verletzt, weil es z.B. als Freigänger vor ein Fahrrad läuft und der Fahrer stürzt).
- ☐ Prüfe die rechtlichen Rahmenbedingungen in Deiner Umgebung. Musst Du Dir beispielsweise vorab die Genehmigung Deines Vermieters einholen?
- ☐ Finde einen guten Tierarzt. Recherchiere im Internet und frage in Deinem Bekanntenkreis nach Empfehlungen. Wenn Du einen gefunden hast, kläre die nötigen Impfungen und Untersuchungen vorab mit ihm ab. Gerade, falls es sich um Deine erste Katze handeln sollte, empfehle ich ein Erstgespräch mit dem Arzt, noch bevor Du Dir

ein Kitten anschaffst. Die meisten Tierärzte sind dazu bereit und besprechen mit Dir alles, was die Gesundheit, aber auch die Ernährung Deiner Sibirischen Katze angeht, im Detail mit Dir. Viele Katzenhalter bevorzugen Tierärzte, die für Hunde und Katzen getrennte Wartebereiche anbieten, um den Besuch für ihre Samtpfote nicht noch aufreibender zu machen, als es ohnehin schon ist.

- ☐ Finde eine Notfallbetreuung für Deine Sibirische Katze, falls Du unerwartet ausfällst (z.B. durch Krankheit oder einen Unfall). Es ist wichtig, dass Du das schon vor dem Einzug klärst, denn in einem echten Notfall hast Du wahrscheinlich nicht die Zeit und die Nerven, um Dich um einen passablen Ersatz zu kümmern.

EINKAUFSLISTE

Um Deiner Sibirischen Katze ein gutes Zuhause zu bieten und sie artgerecht zu halten, ist einiges an Equipment nötig. Das wird leider schnell teuer, ist aber am Anfang unvermeidlich und sollte schon vor dem Einzug Deines neuen Freundes erledigt werden. Ich rate Dir, folgende Gegenstände vorher zu besorgen:

- ☐ Je einen Fress- und Wassernapf (ggf. mit höhenverstellbarer Halterung). Sollte Deine Sibirische Katze zum Schlingen neigen, empfiehlt sich ebenfalls die Anschaffung eines Anti-Schling-Napfes.
- ☐ Geschirr (auf die richtige Größe achten) und eine kurze Leine für das Kitten. Jetzt fragst Du Dich wahrscheinlich, wofür Du das gebrauchen sollst. Ich empfehle meinen Haltern die Anschaffung aber nicht dafür, sondern für den Tierarzt Besuch. Ein Geschirr und eine Leine bieten eine zusätzliche Sicherheit, um Deine Katze unter Kontrolle zu behalten, wenn sie beim Tierarzt in Panik geraten sollte.
- ☐ Mindestens zwei Körbchen mit weicher Unterlage als Rückzugsort
- ☐ Eine Transportbox

- ☐ Mindestens 2 Katzenklos
- ☐ Mindestens 1 Kratzbaum für jeden Raum, in dem sie sich viel aufhalten wird
- ☐ Eine durchdachte Katzenautobahn. Als Material kannst Du hierfür Regalböden nehmen. Auf- und Abfahrten kannst Du entweder als Stufenmodell mit Regalböden oder mit sogenannten Katzenleitern gestalten. Kratzbäume sind ebenfalls hervorragende Auf- und Abfahrten.
- ☐ Ein Vogelhaus, Insektenhotel oder Windspiel für Dein Katzenkino
- ☐ Eine Bürste oder Kamm
- ☐ Spielzeug
- ☐ Futter (Sorte vorher mit Deinem Züchter und / oder Tierarzt klären) und natürlich Leckerchen
- ☐ Türgitter und Treppengitter, um zu verhindern, dass das Kitten ungewollt Bereiche betritt, zu denen es keinen Zugang haben soll.
- ☐ Zeckenzange
- ☐ Katzenminze

KATZENSICHERE UMGEBUNG

Um Deine Wohnungseinrichtung zu retten, aber hauptsächlich, um die Gesundheit Deiner Sibirischen Katze nicht zu gefährden, solltest Du für eine kittensichere Umgebung sorgen. Dazu zählt unter anderem Folgendes:

- ☐ Lege fest, in welche Bereiche Deines Zuhauses Deine Katze nicht gelangen soll und sichere diese evtl. durch ein Türgitter ab (meine Katzen dürfen z.B. nicht ins Nähzimmer).
- ☐ Wenn Du einen Garten / Balkon hast, sorge dafür, dass er ausbruchsicher ist. Unterschätze nicht, durch welch kleine Schlupflöcher Katzen noch passen! Ich empfehle daher ebenfalls die Installation eines Netzes. Damit stellst Du unter anderem sicher, dass Deine Sibirische Katze nicht entkommen kann. Gleichzeitig sorgst Du gerade bei einer Netzüberdachung auch dafür, dass kein Vogel Opfer des Jagdtriebs Deiner Katze wird.
- ☐ Bringe Kindersicherungen an den Steckdosen in Katzenreichweite an. Eventuell wird es auch nötig sein, diese an Schranktüren und Schubladen zu installieren.

- ☐ Verstecke alle freiliegenden Elektrokabel, Du willst schließlich nicht, dass Deine Sibirische Katze an ihnen knabbert – und das wird sie, wenn Du sie nicht schon vorab daran hinderst. Sollte Verstecken nicht möglich sein, solltest Du über einen Kabelkanal nachdenken.
- ☐ Bringe alles Zerbrechliche in der Reichweite Deiner Katze in Sicherheit und räume alles weg, was sie umwerfen oder was herunterfallen könnte. Mit Wegräumen ist es bei einer Katze nicht damit getan, es eine Etage höher zu räumen – Du musst es entweder in einen nicht zugänglichen Raum oder einem Schrank unterbringen. Glaube mir, dass Deine Katze, wenn sie mal ausgewachsen ist, wirklich an alles kommt, wenn sie will.
- ☐ Sorge dafür, dass alle möglichen Rückzugsorte, die für Dich schwer zugänglich sind, von Dir verstopft werden. Hiermit meine ich insbesondere den Raum unter Deinem Bett, Deinem Sofa oder Deinen Schränken. Mache es Deiner Katze unmöglich, sich dort zu verstecken, dann wirst Du auch niemals das Problem haben, dass sie

dort dauerhaft einzieht oder Du sie mal darunter hervorziehen musst.

- ☐ Stelle sicher, dass keine giftigen Stoffe (z.B. Chemikalien oder giftige Pflanzen) drinnen oder im Garten erreichbar sind.
- ☐ Räume (für die Anfangszeit) Deine Teppiche weg, wenn sie nicht zum Katzenklo mutieren sollen. Erst, wenn Du Dir sicher bist, dass Dein Kitten stubenrein ist, kannst Du mit einem Teppich anfangen. Klappt auch das, kannst Du den nächsten zurückholen und so weiter.
- ☐ Versuche alle Sackgassen für Deine Sibirische Katze zu antizipieren und sie zu beseitigen. Ermögliche es Deiner Sibirischen Katze gerade am Anfang, sich auch in großen freien Räumen durch den Raum bewegen zu können. Stelle ihr dafür verschiedene „Unterschlüpfe" zur Verfügung. Mit der Zeit und einem wachsenden Selbstbewusstsein Deiner Katze kannst Du die Unterschlüpfe langsam reduzieren.
- ☐ Finde einen passenden Platz für das Katzenkörbchen (nicht zu weit von der Familie entfernt, aber trotzdem ein ruhiger Rückzugsort).

- Kapitel 7 -

FAZIT

Gratulation! Du hast einen Schritt gewagt, zu dem nicht jeder Katzenhalter bereit ist. Du hast Dich ausgiebig über die Erziehung Deiner Sibirischen Katze informiert und wirst dadurch ein deutlich zufriedeneres und entspannteres Verhältnis zu Deiner Katze aufbauen, als die meisten Halter.

Denn Du weißt jetzt genau, worauf es ankommt:

- Du weißt, dass Katzenerziehung kein Ding der Unmöglichkeit ist, sondern dass es ganz allein von Dir abhängt, ob es funktioniert oder nicht.
- Du kennst die innere Raubkatze, die auch in Deiner Sibirischen Katze steckt und Du weißt, dass eine selbstbewusste Hauskatze ihre innere Raubkatze jeden Tag ausleben muss, um ein glückliches Leben zu führen.
- Du weißt, dass Jagen – Fangen – Töten – Fressen – Ruhen ein wichtiger Bestandteil des Lebens Deiner Katze ist und dass Du ihr dazu verhelfen musst, dieses Grundbedürfnis mehrmals am Tag zu befriedigen. Du weißt, dass Spielen kein nettes Extra ist,

sondern eine tägliche Pflicht, die Du von nun an in Deinen Alltag integrieren musst.

- Du hast gelernt, wie Du Deine Wohnung katzengerecht gestaltest und das schon bevor das Katzenjunge überhaupt einzieht. Das Basecamp ist vorbereitet, die Katzenklos sind an passenden Orten platziert und die Katzenautobahn ermöglicht es Deiner Samtpfote, alle Räume auch in der Höhe nutzen zu können, ohne Dir ständig Gegenstände aus den Regalen zu schmeißen oder die Gardinen zum Hochklettern zu missbrauchen.
- Du hast verstanden, dass Du Deiner Katze Abwechslung bieten musst und richtest ihr daher ein spannendes Katzenkino ein. Sie kann den ganzen Tag über – verteilt auf diverse Fenster – am Leben draußen teilhaben und spannende Beobachtungen machen.
- Du wirst Deine Sibirische Katze liebevoll und konsequent erziehen, da Du weißt, dass Schimpfen und Bestrafung nicht nützlich sind. Du hast die kombinierte Nein-Ja-Methode verinnerlicht und weißt, wie Du sie anwendest. Zunächst analysierst Du ausgiebig die Situation und notierst Dir alles

Wichtige. Danach sagst Du Nein zu dem unerwünschten Verhalten, bietest Deiner Sibirischen Katze aber zeitgleich eine Alternative, mit der sie ihr Bedürfnis ebenfalls erfüllen kann.

- Du verstehst die Körpersprache Deiner Katze, weißt, dass es bei ihr schnell zu einer Überstimulation kommen kann und achtest auf die Vorzeichen, um unnötiges Kratzen und Beißen von Beginn an zu vermeiden.
- Du kennst die wichtigsten Erziehungsschritte und bereitest Deinen Stubentiger damit auf sein späteres Leben vor.
- Du weißt, dass die vielen Regeln Deiner Sibirischen Katze nicht schaden, sondern ihr im Gegenteil dabei helfen, in Deiner Welt zurechtzukommen. Du schaffst ihr ein Zuhause, das ihren Bedürfnissen bestmöglich entspricht und Du gibst ihr die Sicherheit und Führung, die sie benötigt.
- Du wirst durch die konsequente und liebevolle Erziehung Deiner Sibirischen Katze nicht nur von einem entspannten Alltag, sondern vor allem von einer innigen und intensiven Beziehung profitieren. Und Du wirst feststellen, dass selbst die, die einige Methoden aus diesem Buch

belächeln, Dich um Dein perfektes Verhältnis zu Deiner Katze beneiden werden.

Zum Abschluss habe ich noch einen letzten Tipp für Dich:

Lese dieses Buch nicht nur einmal. Am besten liest Du es gleich mehrfach, bevor Deine Sibirische Katze bei Dir einzieht. Und während Du mit der Katzenerziehung beginnst, schadet es bestimmt nicht, wenn Du immer mal wieder einen Blick hineinwirfst.

Am Ende möchte ich Dir noch mal den Hinweis geben, dass dieses Buch kein Ersatz für einen Tierarzt oder Tierpsychologen ist! Solltest Du wirklich große Probleme mit Deiner Sibirischen Katze bekommen – was ich natürlich nicht hoffe – ist es unausweichlich, dass Du einen Profi zu Rate ziehst, der sich vor Ort die Situation mit Dir zusammen anschaut.

Ich wünsche euch für eure gemeinsame Zukunft alles erdenklich Gute. Vor allem aber viel Harmonie, Liebe und Zeit zusammen.

Katzenerziehungs-Zertifikat

Herzlichen Glückwunsch! Du hast jetzt alles Wissen an der Hand und bist perfekt auf die Erziehung Deiner Sibirischen Katze vorbereitet. Mit der richtigen Aufmerksamkeit und Hingabe werdet ihr nicht nur jahrelang Freude miteinander haben, sondern zu einem echten Team zusammenwachsen.

Ich wünsche euch beiden viel Vergnügen dabei!

____

Name des/r Halters/in

____

Name der Katze / des Katers

_______________ _______________

Einzugsdatum Rasse

Gez. Susanne Herzog

PLATZ FÜR DEINE NOTIZEN

HAT DIR MEIN BUCH GEFALLEN?

Du hast mein Buch gelesen und weißt jetzt, wie Du Deine Sibirische Katze erziehst und somit eine enge Bindung zu ihr aufbaust. Und genau deshalb bitte ich Dich jetzt um einen kleinen Gefallen. Rezensionen sind bei Amazon ein wichtiger Bestandteil von jedem angebotenen Produkt. Es ist mit das Erste, worauf Kunden schauen und nicht selten geben die Rezensionen später den entscheidenden Ausschlag ein Produkt zu kaufen oder nicht. Gerade bei der endlos großen Auswahl von Amazon wird dieser Faktor immer wichtiger.

Wenn Dir mein Buch gefallen hat, wäre ich Dir mehr als dankbar, wenn Du mir eine Bewertung hinterlässt. Wie Du das machst? Klicke einfach auf meiner Amazon Produktseite auf folgenden Button:

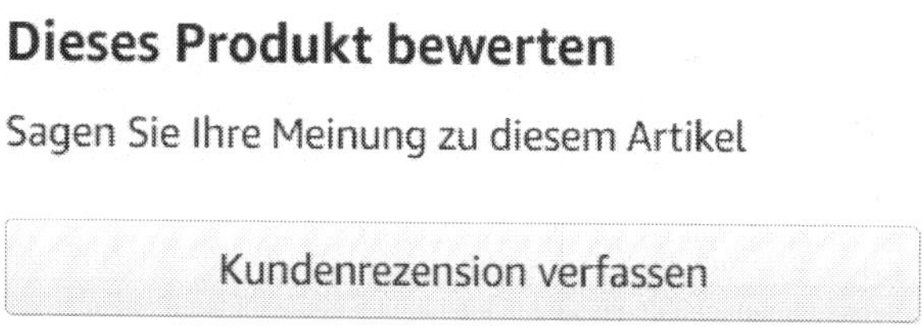

Schreibe einfach kurz, was Dir ganz besonders gut gefallen hat oder wie ich das Buch vielleicht noch besser machen kann. Es dauert nicht länger als 2 Minuten, versprochen! Du kannst Dir sicher sein, dass ich persönlich jede Rezension lese, denn es hilft mir sehr stark dabei, meine Bücher noch besser zu machen und sie genau an eure Wünsche anzupassen.

Daher sage ich Dir:

HERZLICHEN DANK!

Deine Susanne

QUELLENANGABEN

Dr. Brunner, David; Stall, Sam: Katze – Betriebsanleitung: Inbetriebnahme, Wartung und Instandhaltung; 1. Auflage, München: Goldmann Verlag 2015

Eilert-Overbeck, Brigitte: Unser Kätzchen – Was Katzenkinder brauchen; 4. Auflage, München: GRÄFE UND UNZER Verlag 2015

Linke-Grün, Gabriele: Wohnungskatzen – Wohlfühl-Basics für kleine Tiger; 8. Auflage; GRÄFE UND UNZER Verlag 2014

Ludwig, Gerd: Katze-Basics – Alles was Katzenhalter wissen müssen; 3. Auflage, München: GRÄFE UND UNZER Verlag 2015

Pfleiderer, Mircea; Rödder, Birgit: Was Katzen wirklich wollen; 4. Auflage; München: GRÄFE UND UNZER Verlag 2014

Hoffmann, Helga: Katzensprache – Kätzisch für Zweibeiner; 8. Auflage; München: GRÄFE UND UNZER Verlag 2014

Seidl, Denise: Katzenprobleme – Hilfe bei Aggression, Unsauberkeit und Angst; 1. Auflage; Stuttgart: Franckh Kosmos Verlag 2018

Ludwig, Gerd: Katzensprache – Schritt für Schritt verstehen lernen, 3. Auflage; München: GRÄFE UND UNZER Verlag 2016

Eilert- Overbeck, Brigitte: Katzen – Wohlfühl-Garantie für kleine und große Schnurrer; 4. Auflage; München: GRÄFE UND UNZER Verlag 2016

Galaxy, Jackson; Delgado, Mikel: Der Katzenflüsterer – Für ein glückliches Katzenleben; 2. Auflage; Königswinter: Heel Verlag 2019

Umgang mit Katzen: Anschaffung, Aufzucht, Ernährung, Erziehung, Pflege u. Behandlung in gesunden u. kranken Tagen, 5., neubearb. Aufl. / mit e. Vorw. [durchges.] v. E[ugen] Seiferle, zahlr. Zeichn. v. Roberta MacDonald u. 8 Photos auf Kunstdr. Taf., von Gay, Margaret Cooper, 1973

Katzen: unsere zärtlichen Freunde ; Anschaffung, Rassen, Abstammung, Erziehung, Pflege, Gesundheit, Zusammenleben, unter Beteiligung von Breuer, Antje, 1999

Katzen erziehen: der Katzenratgeber, mit dem Sie Ihre Katze verstehen lernen + zahlreiche Tipps zur Katzenerziehung, von Zerkel, Susanne, 2019

Unsauberkeit bei Katzen: Ursachen verstehen, vorbeugen und helfen, 1. Aufl., von Jones, Renate, 2013

Alles über Katzen: Haltung, Pflege, Rassen, von Gerber, Bärbel Bielfeld, Horst, 1983

Die Haltung von Katzen, unter Beteiligung von Deutscher Tierschutzbund, 2007

Katzen: Spielgefährten auf Samtpfoten ; [Tips für den Kauf ; Katzenhaltung und -pflege ; mit Katzen leben ; Lexikon der Katzenrassen], von Grau, Joachim, 1998

Hauskatzen: Kauf, Haltung, Pflege, von Nieser, Egon ¬[Verfasser], 1982

Katzen für Dummies, 1. Aufl., von Spadafori, Gina Pion, Paul D, 2004

Alles für die Katz: 88 Katzenspiele einfach selbst gemacht, von Heike, Grotegut, 2016

Die Katze lässt das Mausen nicht: 999 praktische und ungewöhnliche Tips für alle Katzenfreunde, von Szymkowiak, Margot, 1986

Das Hobbythek-Katzenbuch: Tips und Rezepte für gesundes Futter und natürliche Pflege, 1. Aufl., von Norten, Ellen; Pütz, Jean, 1997

Impressum

1. Auflage

 Herausgeber: GbR, Martin Seidel und Corinna Krupp, Bachstraße 37, 53498 Bad Breisig, email: info@expertengruppeverlag.de, Coverfoto: www.depositphoto.com. Sämtliche hier dargestellten Inhalte dienen ausschließlich der neutralen Information. Sie stellen keinerlei Empfehlung oder Bewerbung der beschriebenen oder erwähnten Methoden dar. Dieses Buch erhebt weder einen Anspruch auf Vollständigkeit, noch kann die Aktualität und Richtigkeit der hier dargebotenen Informationen garantiert werden. Dieses Buch ersetzt keinesfalls die fachliche Beratung und Betreuung durch einen Tierarzt oder Tierpsychologen. Die Autorin und die Herausgeber übernehmen keine Haftung für Unannehmlichkeiten oder Schäden, die sich aus der Anwendung der hier dargestellten Information ergeben.

Printed in Poland
by Amazon Fulfillment
Poland Sp. z o.o., Wrocław

67477993R00136